钢-轻骨料混凝土组合梁试验与分析

刘殿忠 著

图书在版编目（CIP）数据

钢-轻骨料混凝土组合梁试验与分析/刘殿忠著. —北京：知识产权出版社，2016.10

ISBN 978－7－5130－4504－9

Ⅰ.①钢… Ⅱ.①刘… Ⅲ.①轻集料混凝土—钢筋混凝土梁—组合梁—研究 Ⅳ.①TU375.1

中国版本图书馆CIP数据核字（2016）第233718号

内容提要

本书通过钢-轻骨料混凝土组合梁试验介绍了钢-轻骨料混凝土组合梁的抗弯性能和组合梁中栓钉的抗剪性能，提出了钢-轻骨料混凝土组合梁的承载能力和变形计算方法、栓钉的承载力计算方法，分析了钢-轻骨料混凝土组合梁的承载能力和挠度因素，阐述了钢-轻骨料混凝土连续组合梁的变形性能等。

本书可供土木工程技术人员、科研人员及有关专业师生参考。

责任编辑：祝元志　　　　　　　　　　　责任校对：潘凤越
封面设计：刘　伟　　　　　　　　　　　责任出版：卢运霞

钢-轻骨料混凝土组合梁试验与分析

刘殿忠　著

出版发行：知识产权出版社有限责任公司	网　　址：http://www.ipph.cn
社　　址：北京市海淀区西外太平庄55号	邮　　箱：100081
责编电话：010－82000860转8513	责编邮箱：13381270293@163.com
发行电话：010－82000860转8101	发行传真：010－82000893/82005070/82000270
印　　刷：北京中献拓方科技发展有限公司	经　　销：各大网上书店、新华书店及相关专业书店
开　　本：720mm×960mm　1/16	印　　张：12.5
版　　次：2016年10月第1版	印　　次：2016年10月第1次印刷
字　　数：175千字	定　　价：48.00元
ISBN 978－7－5130－4504－9	

出版权专有　侵权必究

如有印装质量问题，本社负责调换。

前　　言

　　钢-轻骨料混凝土组合结构是在钢-混凝土组合结构和轻骨料混凝土结构的基础上发展起来的一种新型组合结构。钢-轻骨料混凝土组合梁具有节约钢材、截面受力合理、结构自重小、构件整体稳定性好、延性好等优点，可增加结构跨度或层高，降低基础处理费用，获得较好的经济效益和社会效益。同时，使用轻骨料代替天然骨料配制混凝土，可以减少对天然骨料资源的消耗，保护环境，有利于可持续发展。钢-轻骨料混凝土组合结构更适应建筑物向高度更高、跨度更大的方向发展的需求。因此，钢-轻骨料混凝土组合结构是一种理想的结构体系，具有很好的发展前景。

　　试验研究和理论分析表明，钢-轻骨料混凝土组合梁是一种安全、高效、经济及施工方便的结构形式，适用于多高层建筑结构及大跨度桥梁结构，在大中跨度桥梁建设中具有很强的竞争力，市场前景广阔。我国北方寒冷地区，施工工期较短，钢-轻骨料混凝土组合梁具有施工速度快、对施工机械要求低的优点，推广这种结构对于加快公路、铁路建设及房屋建设具有重要意义。

　　作者对钢-轻骨料混凝土组合梁的力学性能做了试验和理论研究，主要研究工作和成果包括：①对钢-轻骨料混凝土组合梁中抗剪连接件做了试验研究，分析了抗剪连接件受力过程中界面的滑移特性，给出了抗剪连接件极限承载力的计算方法；②开展钢-轻骨料混凝土组合梁的模型试验，探讨了组合梁的界面滑移性能、挠度曲线和延性等参数的变化规律；③对钢-轻骨料混凝土组合梁的变形性能做了研究，提出了组合梁极限承载力和变形的实用计算方法；④开展体外预应力钢-轻骨料混凝土组合连续梁的试验研究，探讨了体外预应力连续组合梁的变形计算方法。

本书共分10章，分别介绍了钢-轻骨料混凝土组合梁连接件的抗剪性能、梁的抗弯性能及体外预应力组合连续梁的变形性能，详细阐述了相关的试验工作、力学行为分析和计算方法等。

研究生刘东辉、赵庆明、闻玉辉和夏法磊等在本书相关试验研究和模拟分析中做了大量的工作，在此表示诚挚感谢。

本书是作者在多年的研究工作基础上完成的，由于作者水平所限，书中难免存在缺点和不足之处，欢迎读者提出宝贵意见。

目　　录

1 绪　　论 1
   1.1 引言 1
   1.2 钢-混凝土组合梁在国内外的发展及应用 2
   1.3 轻骨料混凝土结构 9
   1.4 钢-轻骨料混凝土组合梁国内外研究现状 13

2 钢-轻骨料混凝土组合梁的有效宽度分析 19
   2.1 计算方法简介 19
   2.2 影响有效宽度的因素 21
   2.3 各国规范对组合梁翼板有效宽度的规定 22
   2.4 翼缘板有效宽度分析 23
   2.5 钢-轻骨料混凝土组合梁有效宽度分析 24
   2.6 钢-轻骨料混凝土组合梁考虑滑移的有效宽度分析 32
   2.7 小结 40

3 钢-轻骨料混凝土连接件推出试验 43
   3.1 推出试件的设计与制作 43
   3.2 材料性能 45
   3.3 推出试验 48
   3.4 小结 50

4 推出试验结果分析 51
   4.1 试验测量结果 51

4.2　推出试件受力模型及破坏形态 54
　　4.3　栓钉连接件荷载-滑移分析 56
　　4.4　轻骨料混凝土板的掀起分析 58
　　4.5　界面滑移分析 59
　　4.6　小结 62

5　钢-轻骨料混凝土栓钉连接件承载力分析 63
　　5.1　栓钉连接件的工作机理 63
　　5.2　钢材本构关系 64
　　5.3　栓钉连接件施加反力计算 65
　　5.4　计算结果分析 68
　　5.5　计算结果与试验结果的对比分析 73
　　5.6　栓钉连接件承载能力分析 73
　　5.7　小结 75

6　钢-轻骨料混凝土组合梁模型试验 77
　　6.1　试件的设计与制作 77
　　6.2　轻骨料混凝土组合试验梁材料性能 80
　　6.3　轻骨料混凝土组合梁试验测试 81
　　6.4　小结 84

7　钢-轻骨料混凝土组合梁试验结果分析 85
　　7.1　试件破坏形式 85
　　7.2　荷载-位移曲线 87
　　7.3　轻骨料混凝土荷载-应变曲线 87
　　7.4　钢梁荷载-应变曲线 89
　　7.5　钢梁和轻骨料混凝土板跨中截面的应变分布 90
　　7.6　轻骨料混凝土板跨中宽度方向应变分布 91
　　7.7　轻骨料混凝土组合梁滑移曲线 92
　　7.8　轻骨料混凝土组合梁挠度分布曲线 93

7.9　轻骨料混凝土组合梁与普通混凝土组合梁延性对比分析 94
　　7.10　小结 95

8　钢-轻骨料混凝土组合梁抗弯承载力分析 97
　　8.1　组合梁材料本构关系 97
　　8.2　滑移效应对组合梁承载力的影响分析 99
　　8.3　轻骨料混凝土组合梁弹性抗弯承载力分析 101
　　8.4　轻骨料混凝土组合梁塑性抗弯承载力分析 103
　　8.5　有效宽度对极限抗弯承载力的影响 105
　　8.6　钢-轻骨料混凝土简支组合梁的 M-ϕ 关系 107
　　8.7　轻骨料混凝土组合梁抗弯承载力实用计算方法 110
　　8.8　小结 111

9　钢-轻骨料混凝土组合梁变形计算 113
　　9.1　有效宽度对钢-轻骨料混凝土组合梁挠度的影响 113
　　9.2　抗剪连接件对钢-轻骨料混凝土组合梁挠度的影响 114
　　9.3　滑移效应对钢-轻骨料混凝土组合梁挠度的影响 116
　　9.4　轻骨料混凝土组合梁实用变形计算方法 131
　　9.5　小结 134

10　体外预应力钢-轻骨料混凝土组合连续梁变形性能 135
　　10.1　影响体外预应力钢-轻骨料混凝土组合梁变形性能的因素 .. 135
　　10.2　体外预应力钢-轻骨料混凝土组合连续梁变形性能 139
　　10.3　体外预应力钢-轻骨料混凝土组合连续梁试验分析 151
　　10.4　体外预应力钢-轻骨料混凝土组合连续梁有限元模拟分析 .. 168
　　10.5　计算结果分析 171
　　10.6　小结 178

参考文献 179

1 绪 论

1.1 引言

钢-轻骨料混凝土组合梁是在钢-混凝土组合梁和轻骨料混凝土结构的基础上发展起来的一种新型组合梁。采用钢-轻骨料混凝土组合梁可明显减小结构自重、节省结构材料用量、提高结构的抗震性能、降低基础处理费用，可获得较好的经济效益和社会效益。同时，使用轻骨料代替天然骨料配制混凝土，可以减少对天然骨料资源的消耗，有利于保护环境，实现可持续发展。因此，钢-轻骨料混凝土组合梁更适应于高层建筑、大跨度结构，是一种理想的结构构件，具有很好的发展前景。

钢-轻骨料混凝土组合梁是一种安全、高效、经济及施工方便的结构形式，适用于多高层建筑结构及大跨度桥梁结构。与钢梁比较，这种组合梁可节省投资10%～40%。与钢筋混凝土梁相比，组合梁自重轻，截面高度小，抗震性能好，施工周期短。钢-轻骨料混凝土组合梁在大中跨度的桥梁及多高层房屋建设中有很强的竞争力，市场前景广阔，对于加快公路、铁路及房屋建设具有重要意义。

关于钢-轻骨料混凝土组合梁桥的研究在我国仅处于初始阶段，目前尚无一套完整的计算理论与设计方法，因此，深入开展钢-轻骨料混凝土组合梁桥的研究是非常必要的。由于钢-轻骨料混凝土组合梁继承了普通钢-混凝土组合梁和轻骨料混凝土结构的优点，同时也弥补了普通钢-混凝土组合梁自重过大的不足。为深入研究钢-轻骨料混凝土组合梁桥的工作性能和力学行为，有必要借鉴钢-混凝土组合梁及轻骨料混凝土结构的研究和分析方法。

1.2　钢-混凝土组合梁在国内外的发展及应用

钢-混凝土组合梁是通过剪力连接件将上部的钢筋混凝土板与下部钢梁组合成整体共同工作的组合受弯构件。钢-混凝土组合梁可充分发挥钢材抗拉性能及混凝土抗压性能好的优点。与钢梁相比，组合梁可以节省钢材20%～40%，每平方米造价可降低10%～40%，梁的挠度可减少1/3～1/2，结构稳定性好，具有较强的防锈和耐火能力。与钢筋混凝土梁相比，组合梁自重轻，截面高度小，抗震性能好，施工速度快。组合梁以其能够充分利用材料的特性、抗震性好、造价低等优点受到业界的广泛关注，被广泛地应用到工业、民用建筑和桥梁结构等各个领域[1,2]。

1.2.1　钢-混凝土组合梁在国外的发展现状

20世纪20年代出现钢-混凝土组合梁，最初用作高层建筑的楼层梁，之后在公路桥梁和铁路桥梁中开始使用。1944年美国国家公路运输协会（AASHO）规范中增加了组合梁部分，适用于公路桥梁。1952年AISC规范开始用于楼层梁，英国在1959年和1967年增加了BS449规范组合梁设计章节。1955年，德国在DIN1078规范中增加了公路桥梁组合梁，1956年在DIN4239规范中增加了建筑组合梁，1974年增加钢-混凝土组合梁设计与施工规范的补充条文。1974年，西欧10国在国际土木工程学会发动下由CEB、FIP、ECCS和IABSE共同组成的组合结构委员会（ECCS）[3]，1979年发表组合结构典型规程草案，1981年出版正式文本（ECCS1，即欧1）。经历了一段使用后，积累了一定的经验，西方各国开始制定相应的设计规范（考虑两种材料的组合作用），后由欧洲标准委员会（CEN）修订和完善。1992年，欧洲规范4（EC.4）出版。欧洲规范4（EC.4）是当今较为完整的一部钢-混凝土组合结构设计规范，新的EC.4由两部分组成：第一部分于1992年颁布，分别涉及了组合结构设计的一般规则和建筑工程中组合结构的设计方法与防火规定；第二部分于1997年颁布，是关于桥梁组合结构设计的内容，包括受动载作用组合梁的设计。由于设计规范已完善，加之组合梁结构工作性能良好，钢-混凝土组合结构（建筑结构及桥梁结构）在欧洲得到了广泛应用[4-6]。

在钢-混凝土组合梁的计算理论方面，1912年，Andrews首次提出基于弹性理论的换算截面法，即把混凝土或钢的截面换算成钢或混凝土的面积，然后根据初等弯曲理论进行截面设计和计算。它的物理意义明确，计算简便，适用于组合梁弹性工作阶段的应力及变形分析。换算截面法是假定钢与混凝土两种材料均为理想的弹性体，两者连接可靠，完全共同变形，通过弹性模量比将两种材料换算成一种材料进行计算。这种方法一直作为弹性分析和设计的基本方法而被各种设计规范采用。但是用换算截面法分析组合梁存在两点不足：一是材料并非理想弹性体；二是由于组合梁是通过抗剪连接件将混凝土翼缘板和钢梁连接在一起，在受力过程中，组合梁的梁板交界面上产生相对滑移，由于栓钉本身变形，两种材料无法完全共同变形，理论分析与实际情况有一定的差距，其承载力及变形计算结果将偏于不安全。

1951年，N.M.Newmark提出了组合梁交界面纵向剪力微分方程[7]。他最先考虑了钢梁与混凝土板交界面上相对滑移对组合梁承载能力和变形的影响，建立了比较完善的不完全交互作用理论，其基本假定是：①抗剪连接是连续的；②滑移的大小与所传递的荷载成比例；③两种材料在交界面上的挠度相等。在他推导的微分方程中，未知量是抗剪连接件在交界面上产生的轴向力。对于承受集中荷载作用的简支组合梁，可用其微分方程求解出交界面上的轴向力、交界面上的剪力分布、滑移应变和挠度的大小。该理论公式较为复杂，不便于实际应用，但由于它考虑了组合梁交界面上的相对滑移的影响，具有重大的理论意义。

1959~1965年，Lehigh大学的Thurlimann对极限强度理论在组合梁中应用的可行性做了一系列的试验研究。研究结果表明，对于一般钢-混凝土组合梁，当其承受极限弯矩时，组合截面的中和轴通常在混凝土板内。在组合梁极限承载力的计算中，可以认为钢梁全截面均已达到抗拉屈服强度。应用内力平衡条件（混凝土截面上的总压力等于钢梁截面上的总拉力），就可以确定塑性中和轴的位置，进而求出极限弯矩。研究结果还表明，若抗剪连接件的总强度足以抵抗钢梁中的极限拉力，梁板交界面上的滑移就不会对极限抵抗矩的形成产生显著的影响，由于柔性连接件具有剪力重分布的能力，构件破坏前，所有连接件都将承受大小相等的水平剪力。无论组合梁承受集中荷载还是均布荷载，抗剪连接件都可以等间距布置。

极限强度理论简便实用。由于该理论假定钢梁全截面均达到塑性屈服，并在计算简图中采用了经过简化的塑性矩形应力块，因此在欧洲钢结构协会（ECCS）的组合结构规程及我国重新修订的《钢结构设计规范》中，极限强度理论又被称为简化塑性理论。

1960年，Viest对185根钢-混凝土组合梁和249个推出试件的试验结果进行了汇总，并对不同学者提出的简支组合梁弹性承载力、极限承载力及挠度的计算方法进行了对比分析[8]。

1964年，Chapman对17根简支钢-混凝土组合梁进行了试验研究，变化的参数包括梁的跨度、抗剪连接件类型和间距及加载方式等。试件的破坏模式主要有两种：混凝土翼缘板压溃模式和栓钉破坏模式。试验表明，在计算组合梁极限承载力时，可以不考虑纵向钢筋的影响，按极限平衡方法设计栓钉连接件是合理有效的。

1965年，Barnard研究了影响组合梁极限抗弯能力的因素。由于抗剪连接件受到剪力作用后会发生变形，无论是完全抗剪连接还是部分抗剪连接，钢梁与混凝土翼缘板之间都存在滑移效应。且由于混凝土翼缘板与钢梁弯曲刚度的不同，导致在荷载作用下二者之间必然发生被掀起的趋势。所以，组合梁完全共同工作状况下的理论极限承载力总要大于实测极限承载力。

1972年，Illinois大学、Missouri大学、Sydney大学和Imperial学院分别对简支组合梁的弹塑性承载力进行了系统分析和研究。结果表明，在非弹性分析中，假定钢梁和混凝土板的应变沿截面高度呈线性分布，仅在钢梁与混凝土翼缘板的交界面处不连续；同时假定混凝土抗拉强度为零，受压时则为梯形的应力-应变关系，钢梁则为理想弹塑性模型或者是弹性-应变硬化的本构模型。

1972年，Johnson和Willmington研究了部分抗剪连接组合梁。试验研究表明，当采用完全抗剪连接时，只要钢梁尚处于弹性范围以内，混凝土板与钢梁之间的滑移和掀起效应较小。而实际使用时钢梁中的最大应力通常不到其屈服应力的1/2，故采用部分抗剪连接设计也可以满足使用要求。

1975年，Johnson等根据已有的研究成果提出了部分抗剪连接组合梁的简化计算方法。部分抗剪连接组合梁极限抗弯承载力可以根据完全抗剪连接组合梁和纯钢梁的极限抗弯承载力，按抗剪连接程度进行线性插值而得到。研究还提出了部分抗剪连接组合梁的挠度可按抗剪连接程度进行线性插值得到。分析表明，Johnson按抗剪连接程度进行线性插值而提出的部分抗剪连接组合梁极限抗弯承载力和变形的简化计算公式与试验结果不尽相符，计算结果偏于保守。

1990年，Crisinel对3根采用栓接角钢抗剪连接件的钢-压型钢板混凝土简支组合梁进行了试验研究。研究表明，栓接角钢抗剪连接件是一种有效的抗剪连接件形式，可以替代栓钉连接件。在此基础上，Crisinel提出了一种对截面进行折减的方法以考虑部分抗剪连接对组合梁承载力的影响，根据这一方法所得到的极限承载力计算结果与试验结果吻合。

1997年，Richard等对44根钢-混凝土简支组合梁在静力及疲劳荷载作用下的试验结果进行了汇总。这44根组合梁试件变化的参数主要包括抗剪连接程度、混凝土板的横向配筋、应力幅及应力比。试验表明，疲劳荷载作用下一般混凝土翼缘板首先开始出现裂缝，裂缝逐步扩展，最终导致试件发生破坏。部分疲劳试验中抗剪连接件附近的混凝土出现压溃现象，疲劳试验中组合梁的抗弯刚度逐渐减小，完全抗剪连接组合梁与80%抗剪连接程度的组合梁在疲劳试验中的受力性能相差不大。

国外的研究表明，钢-混凝土组合梁桥当跨度超过某一值时均比非组合钢桥节省钢材[9]。对于跨度超过18m的桥梁，组合梁桥在综合效益上具有一定优势[10]。法国统计指出，当跨度为30～110m，特别是60～80m，钢-混凝土组合梁桥的单位面积造价要低于混凝土桥18%。在这一跨度范围内，法国近年建造的桥梁中85%都采用了组合技术[11,12]。

体外预应力可减小构件截面尺寸，为减轻大跨度桥梁的自重，可以用钢板代替箱形截面混凝土桥梁的腹板，同时还能够减少体外预应力所引起的腹板剪力。为了减少混凝土收缩徐变所造成的混凝土翼缘板有效预应力显著减小的问题，又进一步发展了波纹钢腹板组合梁桥。波纹钢腹板具有较强的抗剪和抗屈曲能力，而纵向抗压能力较低，作为混凝土箱梁腹板时几乎不对纵向预应力产生抵抗，从而大大提高了预应力导入的效果，使得上、下混凝土翼缘板在恒载作用下均处于体外预应力所引起的受压状态。1986年，法国首次设计和建造了采用波纹钢腹板的Cognac组合桥。此后，法国、日本等国建成了多座波纹钢腹板组合桥。目前，我国正在对这种桥梁形式开展研究，但在实际应用中仍存在很多问题尚待解决[13]。

钢-混凝土组合梁桥是继钢桥和钢筋混凝土桥梁之后又一种被工程界所接受并迅速发展的桥梁结构形式。组合梁桥充分发挥了钢材和混凝土的力学特性，施工方便、快捷，综合效益显著，是桥梁工程的重要发展方向之一，应用前景广阔[14]。

1.2.2 钢-混凝土组合梁的国内发展及应用现状

我国在20世纪50年代就开始在桥梁结构中应用组合结构，已有多年的应用历史。从20世纪60年代开始，国内设计、科研单位以及大专院校为推广和应用钢-混凝土组合结构做了大量的工作,如中国三冶集团、鞍钢设计院、原哈尔滨建筑工程学院、原郑州工程学院、清华大学、同济大学等科研单位先后开展了组合梁试验及连接件推出试验的研究工作,针对抗剪连接件进行了系统研究。随着组合梁的设计理论由弹性设计理论转为塑性设计理论,组合梁的设计理论也日臻完善,为组合梁的推广和应用提供了理论依据。在工程应用及试验研究的基础上,我国也制定了相应的组合结构设计规范和标准图集。1956年出版的铁路桥梁标准图中列入了五种不同跨度的组合梁,并在乌山桥和衡阳湘江桥中采用了组合梁进行了实例应用;1973年,《公路桥涵钢结构及木结构设计规范》列入了组合梁部分;1986年,《公路桥涵钢结构及木结构设计规范》(JTJ 025—86)对公路组合梁桥做出了具体规定[15];1989年,《铁路组合桥设计规定》(TBJ 24—89)对铁路组合梁桥也做了相应的规定[16];1988年,《钢结构设计规范》(GBJ 17—88)第一次将钢-混凝土组合梁作为单独一章列入[17],不过上述规范或规定仅适用于承受静载作用的普通简支组合梁;2003年颁布的《钢结构设计规范》(GB 50017—2003)扩大了应用范围,适用于不直接承受动力荷载作用的简支及连续组合梁[18]。

1997年,聂建国等通过对组合梁抗弯承载力影响因素研究,建立了考虑滑移效应的组合梁弹性和极限抗弯承载力计算公式。研究表明,考虑滑移效应的弹性抗弯承载力计算值与实测值吻合较好。考虑承载力极限状态时钢梁部分截面进入强化阶段的有利影响,滑移对极限抗弯承载力的影响可以忽略不计。通过对8根钢-混凝土简支组合梁的试验研究,分析了影响组合梁纵向开裂的主要因素,建立了组合梁纵向抗剪的计算模型和计算公式,对组合梁的纵向抗剪计算和横向钢筋设计具有实用参考价值。对其中4根部分抗剪连接组合梁进行分析,建立了考虑抗剪连接程度影响的组合梁极限抗弯承载力计算公式,将计算结果与国内外12根部分抗剪连接组合梁的试验结果进行了比较。计算表明,按照这一公式得到的计算值与实测值吻合。对于完全抗剪连接和横向配筋率不小于0.6%的组合梁，按照简化塑性理论得到的极限抗弯承载力计算值与实测值吻合良好。

钢-混凝土组合梁桥由于其跨越能力强、结构高度小、抗震性能好及施工速度快等优点，受到建设单位广泛认可。自从1959年建成的武汉长江大桥上层公路桥采用了组合梁（L=18m）后，近年来，在我国公路和城市立交桥梁建设中组合梁的应用取得了举世公认的进步。1993年，北京国贸桥，在三个主跨采用了钢-混凝土叠合板连续组合梁结构，缩短工期近一半，未中断下部交通，而且比钢筋混凝土梁桥自重减轻约50%，比钢桥节省钢材30%左右。继国贸桥之后，北京市又有多座大跨立交桥的主跨采用了这种结构形式，如北京航天桥（主跨73m）和朝阳桥（主跨64m）钢-混凝土组合梁结构，取得了显著的技术经济效益和社会效益[19]。上海、深圳、长沙、岳阳、海口、鞍山、石家庄、济南、西安等城市也正在建造大跨钢-混凝土叠合组合桥梁结构，最大跨度已达到95m。1994年建成的上海南浦大桥为跨径425m的斜拉桥，其加劲梁采用了钢-混凝土组合梁[20]。2001年，沈阳市东西快速干道工程为减少满堂支架施工对路口交通的影响，也为了保证整个高架桥梁高度一致，采用了钢-混凝土组合结构[21]。

除在桥梁结构工程中应用外，组合结构在建筑结构方面的应用也不断增多。20世纪60年代初由北京工业设计院和中国建筑科学研究院设计，在广州塑料厂建设中采用组合梁，节省钢材35%，挠度为$f = L/1000$，属于弹性工作，安全度达到3.0。1976年，承德钢厂工程中采用了L=18m组合吊车梁及组合平台梁。20世纪70年代以来组合结构开始用于工作平台，如大庆新华电厂平台，以及1981年建造的荆门电站平台等。天津交通局设计的总调度大楼采用了槽钢连接件的组合梁。1988年开始建设的国家重点建设项目——太原第一热电厂五期工程，在7m×9m的柱网中采用叠合板组合梁结构，同现浇组合楼层相比，不仅缩短工期1/3，而且由于节省了支模工序和模板等，降低造价18%。北京国际技术培训中心的两幢18层塔楼，楼盖结构采用冷弯薄壁型钢-混凝土简支组合梁，与钢筋混凝土叠合楼板相比较，结构自重降低29%，水泥消耗节约34%，钢材消耗节约22%，木材的消耗节约7%，造价降低5%，施工周期缩短25%，并且使建筑标准提高了一大步。1996年建设的大连新世纪大厦，因施工期限等原因，将原设计改为钢-混凝土组合结构[22]。20世纪80年代后，随着改革开放的深入，中外合资建设的高层及超高层建筑物其楼层结构均采用组合梁结构，代表建筑物有上海世贸中心大厦（高425m）、深圳赛德广场大厦（高300m）等。

在钢-混凝土组合梁的基础上，近年来又相继出现钢-高强混凝土组合梁、预制装配式钢-混凝土组合梁、叠合板组合梁、钢-轻骨料混凝土组合梁、预应力钢-混凝土组合梁、钢板夹心组合梁及外包钢-混凝土组合梁等多种新的结构形式。预应力钢-混凝土组合梁，采用体外预应力索改善了组合梁的受力性能，也是钢-混凝土组合结构一种新的结构形式，但预应力索需要定期维护和更换[23-25]。钢-轻骨料混凝土组合梁是一种性能优良的新型组合构件，其自重轻，可以跨越更大的跨度，且具有优良的抗震性能，因此具有良好的发展前景。

1.3 轻骨料混凝土结构

轻骨料混凝土（Lightweight Aggregate Concrete，LWAC），也称为轻集料混凝土，指用轻骨料、普通砂（或轻砂）、水泥和水配制而成，干表观密度不大于1950 kg/m^{3}的混凝土[26]。

1.3.1 轻骨料

轻骨料混凝土中的骨料可利用工业废渣，如废弃锅炉煤渣、煤矿的煤矸石、火力发电站的粉煤灰等作为轻骨料，可降低混凝土的生产成本。利用废弃物，减少城市或厂区的污染，减少堆积废料占用的土地，有利于保护环境。实际工程中轻骨料又分为结构级轻骨料和隔热级轻骨料，结级轻骨料是以合适的页岩、黏土、板岩、粉煤灰或鼓风炉炉渣为原料生产的。天然形成的轻骨料采自火山堆积物，包括浮石及火山熔渣类。由于天然状态下结构用材是有限的，所以，实际中使用的结构级轻骨料多数是经人工处理的，如黏土陶粒、页岩陶粒和烧结粉煤灰陶粒等，以减少对天然砂、石块及砾石等有限资源的需求。隔热级轻骨料包括低密、低强度的骨料，如蛭石和珍珠岩，主要用于生产轻质填充建筑墙体材料[27,28]。

1.3.2 轻骨料混凝土的特点

轻骨料混凝土是轻质多孔性颗粒被水泥砂浆胶结而成的堆积结构。轻骨料混凝土的表观密度不大于1950kg/m³，与相同强度普通混凝土相比，轻骨料混凝土的自重可降低25%～30%，应用于高层、大跨度结构可明显减小结构自重，从而减小基础和结构的荷载，使梁板等钢筋（含预应力钢筋）用量相应减少，支柱及基础工程的混凝土和钢筋用量也相应减少20%左右，依据国外的工程经验，工程总造价一般可降低10%～20%，可取得良好的经济效益；轻骨料混凝土由于密度轻、弹性模量低、变形性能好，抗震性能良好。据有关资料统计，轻骨料混凝土相对抗震系数为109，普通混凝土为84，砖砌体为640。如1976年唐山地震、天津的四栋轻骨料混凝土大板建筑基本完好，震后照常使用，但周围的砖混建筑都有不同程度的破坏[29]。优良的隔热保湿性能，如表观密度为1950 kg/m³的高强轻骨料混凝土的导热系数0.84W/（m·K），大大低于普通混凝土的导热系数1.5W/（m·K），220mm厚的轻骨料混凝土墙板热阻值与370mm厚的砖墙热阻值相当。轻骨料混凝土具有良好的耐火性能，一般建筑物发生火灾时，普通混凝土耐火1h，而轻骨料混凝土可耐火4h，在600℃高温下，轻骨料混凝土能维持室温强度的85%，而普通混凝土只能维持35%～75%。此外，它还具有优良的抗渗性能，由于高强轻骨料混凝土的双微孔微泵性能，其界面黏结非常好，堵住了水路，如1970年天津用20MPa的陶粒混凝土建造的防空通道（深3m，地下水位0.9m），直至1980年检查时没有发现渗漏现象。尽管高强轻骨料混凝土单方造价比同强度等级的普通混凝土高，但由于其减轻了建筑物的自重、降低基础处理费用，缩小结构断面而增加建筑使用面积，可降低工程造价5%~10%，因而具有显著的综合经济效益。

1.3.3 轻骨料混凝土结构的国内外应用现状

应用轻骨料混凝土结构最早和最广泛的国家是美国。早在1913年，美国首先研制了页岩陶粒。20世纪50年代起，美国将轻骨料混凝土结构应用于桥梁工程。1952年建成的Chesapeake海湾桥全长6500m，其中主桥悬索桥的桥面全部采用轻骨料混凝土。至1986年，美国已建轻骨料混凝土桥梁有400余座，近年来又有更大的发展，已将高强轻骨料混凝土用于钢与混凝土组合结构的桥面、中等跨度的T梁与箱梁、大跨度连续梁与连续刚构及斜拉桥的梁体[30]。美国休斯敦贝壳广场大厦建造于1969年，52层，高218m。该建筑原设计为层高35层并采用筒中筒结构体系，设计人员在仔细分析了所有结构地基的情况后，提出全部梁、板、柱、墙体、钢筋网基础采用轻骨料混凝土的主张，可在原采用普通混凝土建造35层的相同重量情况下，建成52层的大厦，有效地提高了土地的利用率，取得了显著的经济效益。该工程是减轻自重而取得增层的典型工程实例[29]。

在欧洲，挪威是世界上将结构轻骨料混凝土和高强混凝土应用最成功的国家之一。自1987年以来，挪威已经用高强轻骨料混凝土建造了11座桥梁，用于6座主跨为154~301m悬臂桥的主跨或边跨、2座斜拉桥的主跨或桥面、2座浮桥的浮墩、1座桥的桥面板。轻骨料混凝土强度等级为LC55~LC60（按照100mm×100mm×100mm立方体标准强度）。1999年建成的2座悬臂桥（Stolma桥和Raftsund桥）在当时是世界上跨度数一数二的悬臂桥，主跨分别为301m和298m，分别在其中部的184m和224m段采用了LC60级轻骨料混凝土，密度为1940kg/m³[31]。上述11座桥中的6座桥使用的轻骨料，表观密度均约1450kg/m³，30min~1h吸水率为6%~7%。荷兰在1968~1982年建成12座轻骨料混凝土桥，其主跨在112~157m，上部结构全部采用轻骨料混凝土。德国在1979年建成的科隆莱茵河大桥，主跨185m，中部62m采用高强轻骨料混凝土。法国的Ottmarshrim桥，主跨172m，中部100m采用高强轻骨料混凝土[30]。

日本从1964年开始研究将LWAC用于桥梁，至1983年用于土木工程的数量达360例（包括海洋结构）。

我国在20世纪50年代开始研究建造轻骨料混凝土桥，1960年在河南省平顶山地区用黏土陶粒混凝土建成我国第一座轻骨料混凝土港河拱桥，净跨径50m。之后在南京长江大桥、九江大桥、黄河大桥等部分桥面也采用了轻骨料混凝土。1965~1968年，上海地区采用粉煤灰陶粒混凝土或黏土陶粒混凝土建造了30余座中小跨度桥梁，最大跨度为23m，混凝土强度低于LC30。其后，LWAC在桥梁工程中应用发展较慢。1980年初，铁道部大桥局桥梁科学技术研究所在实验室采用高强黏土陶粒和625号水泥配制出LC60干硬性高强轻骨料混凝土，将LC40粉煤灰陶粒高强混凝土应用于金山公路跨度为22m的箱形预应力或混凝土桥梁，使桥梁自重至少减轻20%。近年来典型工程实例不断增多，成效显著：如2000年竣工的唐山至天津高速公路跨越永定新河的大型桥梁——天津永定河新桥在桥梁的优化设计中使用了轻骨料混凝土，经优化设计后由高强轻骨料混凝土取代普通混凝土，跨度从原来的24m增加到35m，并且不再铺装沥青层。所用的轻骨料混凝土强度等级为LC40，密度为1900 kg/m^3 [29]；2001年，在北京的健翔桥扩建、新卢沟桥的改造工程和蔡甸汉江大桥桥面铺装工程采用了高强轻骨料混凝土；2002年上海卢浦大桥全桥使用轻骨料混凝土铺装层，并在引桥的一跨中采用LC40轻骨料混凝土制造的22m跨度的后张预应力简支双孔空心板梁，取得了很好的技术经济效果。

轻骨料混凝土在高层建筑主体结构中的应用也越来越广泛。如珠海国际会议中心20层以上部位采用LC40泵送轻骨料混凝土，武汉证券大厦64~68层楼板使用了LC35轻骨料混凝土，云南建工医院主体结构使用LC40

轻骨料混凝土，南京太阳宫广场使用了LC40轻骨料混凝土等。如今，广州、乌鲁木齐、昆明等城市，黑龙江省，京津唐地区已成为超轻陶粒生产基地。上海生产出了堆积密度为700～800 kg/m³的粉煤灰陶粒和500 kg/m³以下的超轻陶粒，湖北宜昌生产的高强陶粒，可以配制出强度等级为LC30～LC60或更高的轻骨料混凝土。

1.4 钢-轻骨料混凝土组合梁国内外研究现状

钢-轻骨料混凝土组合梁是在普通组合梁的基础上发展起来的，将普通钢-混凝土组合梁中的混凝土翼缘板用轻骨料混凝土板替代，就形成了钢-轻骨料混凝土组合梁。该组合梁除具有普通组合梁的一切优点外，还可发挥轻骨料混凝土的性能优势，使钢-轻骨料混凝土组合梁的自重降低、截面高度减小、跨越能力增强、抗震性能提高。推广和应用钢-轻骨料混凝土组合结构，可带动建筑材料行业发展，尤其是结构用轻骨料陶粒的发展，对保护环境，实现可持续发展的建设目标，必将产生良好的经济效益和社会效益。

钢-轻骨料混凝土组合梁与普通组合梁的工作性能，不应是将翼缘板的普通混凝土变为轻骨料混凝土那么简单，由于其翼缘板的材料性能变化，将会导致组合梁受力性能的改变。为此，国内外许多学者对钢-轻骨料混凝土组合梁做了大量的研究工作。

最初开展轻骨料混凝土组合梁的研究工作是在1961年，当时美国的Colorado大学和Lehigh大学分别对栓钉连接件在轻骨料混凝土板中的工作性能及连接的强度开展研究。Colorado大学的J. Chinn首先对轻骨料混凝土板中的栓钉连接件的性能及强度进行了研究。Lehigh大学和Missouri大学的Slutter、Baldwin等人也通过推出试验，对栓钉在各种轻骨料混凝土中的强度及栓钉大小与承载力之间的关系等问题做了对比分析。

1967年，澳大利亚Sydney大学的J.W. Roderick和N.M. Hawkins第一次

系统地进行了普通混凝土和轻骨料混凝土（膨胀页岩）缩尺组合梁及足尺推出试件的对比试验。试验结果表明，栓钉连接件在轻骨料混凝土中的抗剪承载力要小于在普通混凝土中的抗剪承载力，但对于轻骨料混凝土组合梁，其组合作用的损失要低于普通混凝土组合梁。

1971年，Lehigh大学的Ollgarnd、J.slutter和J.Fisher通过对48组推出试件做试验研究，得出国内外规范普遍采用的栓钉连接件抗剪强度的计算公式；并指出，嵌入普通混凝土或轻骨料混凝土中的栓钉连接件，其抗剪强度主要取决于混凝土的抗压强度和弹性模量，栓钉的横截面积和抗拉强度也对承载力产生影响[32]。

1971年，Sydney大学的J.Mcgrraugh和J.Baldwin也对轻骨料混凝土组合梁的部分剪力连接作用、徐变和收缩作用，以及在弹性分析中弹性模量的取值等问题进行了试验研究。研究结果表明，在组合梁中，剪力连接程度不能低于50%。混凝土的收缩和徐变，会使组合梁的挠度显著增加。在进行组合梁截面设计时，与时间有关的挠度可取用瞬时挠度值。

1976年，Sydney大学的J.Roderick等人，结合Sydney市的一栋高层建筑，研究了在部分剪力连接情况下，轻骨料混凝土组合梁的极限强度和变形性能等问题。试验分析发现，在剪力连接不充分的情况下，组合梁的极限抗弯强度受到栓钉极限抗剪能力的限制。与普通混凝土组合梁相比，轻骨料混凝土组合梁的弯曲性能更好。在使用阶段，其挠度比普通混凝土组合梁大15%，而其极限荷载仅略低于普通混凝土组合梁。在使用阶段对栓钉承载力及组合梁平均挠度的理论估算中，必须考虑由推出试验得到的荷载-滑移曲线线性及非线性段两部分。

近年来，从收集的1990～2004年美国混凝土学会（ACI）结构杂志（ACI Structural Journal）及材料杂志（ACI Materials Journal）、1998～2001年英国土木工程学会（ICE）会刊结构和建筑（Structures and Buildings）、美国土工程学会（ASCE）的土木工程杂志（Civil Engineering

Magazine)来看，关于"组合结构"方面的研究主要集中在钢管混凝土组合结构，而对钢-混凝土组合梁方面的研究较少，且研究内容主要有预制混凝土板与钢梁的组合和聚合物高性能混凝土组合梁两类。关于"轻骨料混凝土"方面的研究成果主要集中在高性能轻骨料混凝土梁板和纤维及聚合物轻骨料混凝土梁板。

采用预制混凝土板与钢梁构成的组合梁，可加快施工速度，减少现场作业量，使工程尽早发挥作用。但预制板与钢梁的组合方式、剪力传递的可靠性、组合后的结构性能是人们所关注的。英国土木工程学会（ICE）会刊上发表的论文介绍了独特的组合方式、结构性能及实验研究结果[33]。

Karl F., MeyerP.E.等研究了工字形轻骨料预应力混凝土梁，其结论为在相同情况下（荷载、梁截面）采用轻骨料混凝土梁可比普通混凝土梁的跨度增大4%以上[34]。Rigoberto Burgueno 等研究混合纤维聚合物混凝土组合梁的抗弯性能。其组合梁采用碳纤维管内填混凝土管上部引出剪力连接件与普通混凝土翼板连接，并通过推出试验研究了抗剪连接件的有效性。试验表明采用碳纤维的聚合物混凝土组合结构对于梁板桥是可行的[35]。

从上述资料看，对轻骨料混凝土结构的研究均集中在高强度和高性能（添加聚合物等）轻骨料混凝土方面，并不断研究梁板结构的组成形式，以便充分发挥轻骨料混凝土结构的优良性能。

我国对轻骨料混凝土的系统研究是在20世纪70年代末，到1982年才编制了《钢筋轻骨料混凝土结构设计规范》（JGJ 12—82）。现有资料表明，汪沁冽等研究人员在1985~1988年对压型钢板与浮石混凝土板的组合效应进行了研究。1994年，王连广等研究人员对钢板-火山渣混凝土组合梁进行了全面分析，尤其进行了极限抗弯强度、挠度和抗裂性能的研究，并提出了合理的计算公式[36]。1995年，王连广等研究人员又对钢-轻骨料混凝土组合梁受力性能及连接件性能进行了研究，得到栓钉、弯筋、方钢和槽钢连接件在火山渣混凝土中的荷载-滑移关系方程，并从理论和试验两个方面得到组合梁交界面相对滑移方程[37]。1997年，王连广等研究人员利用最小势能原理建立钢-轻骨料混凝土简支组合梁变形计算公式，并进行了试验验证。共做了6根试验梁，其中一根为普通钢-混凝土组合梁，其余梁为火山渣轻骨料混凝土组合梁。试验结果表明，在相同条件下，钢-轻骨料混凝土组合梁的弹性变形比普通钢-混凝土组合梁大20%左右，轻骨料混凝土的弹性模量比普通混凝土的弹性模量低，组合梁的横向配筋及交界面剪力连接程度是影响组合梁变形的重要因素。该研究没有考虑混凝土徐变、收缩温度影响[38]。2002年，王连广等研究人员研究了外包钢-火山渣混凝土组合梁影响其抗弯及变形性能的主要因素，考虑钢板与混凝土组合梁本身结构及受力性能的复杂性，以数值积分方法为基础，考虑材料非线性，提出了一个钢板与混凝土组合梁从加载直至破坏的全过程非线性分析模式，建立其抗弯承载力计算公式，得到了弯矩与曲率、荷载与变形关系曲线[39]。李帼昌等研究人员对压型钢板-煤矸石混凝土组合楼板的受力性能进行了研究，分析了组合楼板的弯矩与挠度的关系曲线、弯矩与滑移的关系曲线及组合楼板的受力过程[40]。

尽管国内的科研人员对钢-轻骨料混凝土组合梁进行了比较深入的研究，截至目前，钢-轻骨料混凝土组合梁在国内工程中的应用尚未见报道。王连广等研究人员在对钢-轻骨料混凝土组合梁的实验研究中采用了天然的火山渣作为轻骨料，与采用的人工轻骨料（陶粒）的组合梁比较，天然的火山渣一般只作为当地建设用材料，火山渣长途运输没有经济上的优势，且火山渣表面开孔，强度较其他轻骨料偏低，应用最多的为火山渣混凝土小砌块。再者，天然的火山渣有一定的离散性，很难配制出高强度、高性能混凝土；陶粒性能稳定、耐久性良好，是承重结构轻骨料混凝土的首选骨料。我国研究、应用陶粒轻骨料混凝土已有40多年历史，现各地均有陶粒厂，材料供应比较充足，且密度等级种类较多，适应各种混凝土配制需求。因此，采用人工轻骨料混凝土组合梁的研究更有现实意义。

作者从2005年开始，围绕钢-轻骨料混凝土组合梁的工作性能及力学行为开展了如下几项主要研究工作。

（1）基于弹性理论，采用能量变分法分析了钢-轻骨料混凝土组合梁的翼缘有效宽度，分别推导了不考虑滑移影响和考虑滑移影响的混凝土板翼缘有效宽度计算公式，研究了翼缘有效宽度沿梁跨度方向的分布规律，为钢-轻骨料混凝土组合梁的弹性理论分析提供了依据。

（2）利用弹性理论分析方法建立了钢-轻骨料混凝土组合梁滑移位移模型，推导了考虑界面滑移效应影响的轻骨料混凝土组合梁挠度和滑移控制微分方程，给出了考虑交界面滑移效应的简支组合梁在跨中对称荷载、跨中集中荷载及均布荷载作用下的轻骨料混凝土组合梁挠度和界面滑移方程的解析表达式。考虑滑移效应影响时，轻骨料混凝土组合梁的曲率与弯矩已不再是初等梁理论中的关系，而是增加了附加弯矩修正项。本书推导了考虑滑移效应的附加弯矩的表达式。它与滑移位移的一阶导数有关。利用附加弯矩，可以方便地采用材料力学挠度计算公式计算滑移对组合梁挠度的影响。

（3）建立了计算栓钉的力学模型，采用基于栓钉实测变形值给栓钉施加反力的分析方法，对栓钉的变形及承载力进行了分析，研究了在轻骨料混凝土中影响栓钉连接件承载力的因素，给出了适合轻骨料混凝土组合梁中栓钉的荷载滑移关系，计算结果与实测结果吻合较好。

（4）分析影响栓钉抗剪承载力的因素，进行了栓钉抗剪承载力计算值与实测值的比较，结果表明，我国现行规范栓钉抗剪承载力计算公式可以直接用于轻骨料混凝土的组合梁设计，规范计算值与推出试验值比较接近，且偏于安全。

（5）分析了影响钢-轻骨料混凝土简支组合梁的受弯承载能力的因素，指出了采用现行规范计算钢-轻骨料混凝土简支组合梁的受弯承载能力，尤其在正常使用极限状态下弹性抗弯承载力计算值偏大，结构偏于不安全，故有必要对轻骨料混凝土组合梁考虑滑移影响的附加抗弯承载力降低值的计算作进一步研究。

（6）分析了影响钢-轻骨料混凝土简支组合梁挠度的因素，指出了在正常使用极限状态下采用现行规范给出的折减刚度法计算钢-轻骨料混凝土简支组合梁的挠度计算值偏小，结构偏于不安全。

（7）进行了10个在轻骨料混凝土中栓钉试件的推出试验，研究了钢-轻骨料混凝土组合梁的界面滑移效应，分析了几种典型的栓钉连接件荷载滑移曲线，给出了适合轻骨料混凝土组合梁的栓钉连接件荷载滑移曲线。

（8）进行了2根试件钢-轻骨料混凝土简支组合梁的静载试验，采用两点对称施加集中荷载的方法研究了钢与轻骨料混凝土翼缘板间剪切滑移、混凝土翼缘板的剪力滞后现象、截面的应变变化规律，得到了一些有价值的结论。

（9）进行了体外预应力钢-轻骨料混凝土组合连续梁试验研究，探讨了该连续梁的变形性能，并进行了模拟分析。

钢-轻骨料混凝土组合梁具有良好的结构性能，作者的工作只取得了初步的研究成果，相关的研究工作需要进一步开展：①钢-轻骨料混凝土组合梁极限抗弯承载力的试验值小于计算值，滑移效应对钢-轻骨料混凝土组合梁的极限抗弯承载力影响尚不能忽略，上述结论尚缺少大量试验数据的验证，因此，钢-轻骨料混凝土组合梁极限抗弯承载力尚有待进一步研究；②作者给出的钢-轻骨料混凝土组合梁短期荷载作用下的变形计算公式，并没有考虑混凝土的收缩、徐变及温度效应，理论公式有待于试验进一步验证；③钢-轻骨料混凝土连续组合梁计算理论还有待进一步研究；④钢-轻骨料混凝土组合梁的动力工作性能研究，在动力荷载作用下的剪力滞效应、有效宽度分布规律以及界面滑移规律等均有待进一步深入探讨。此外，钢-轻骨料混凝土组合梁中连接件的疲劳问题也值得研究。

2 钢-轻骨料混凝土组合梁的有效宽度分析

2.1 计算方法简介

在钢-混凝土组合梁中，钢梁与混凝土板通过剪力连接件连接在一起，钢梁与混凝土板交界面上存在纵向剪力。混凝土翼缘板在纵向剪力的作用下产生剪力滞后现象，又称"剪力滞效应"，即在混凝土翼缘板横截面中，纵向应变自钢梁正上方向两侧减小。由于剪力滞后，混凝土翼缘板宽度范围内的纵向压应力分布不均，离钢梁越远压应力越小。由于初等梁理论是基于平截面假定，即梁的横截面在弯曲变形中仍保持为一个平截面，且该平面与变形轴相垂直，这样剪力滞效应的影响就会在初等梁理论中被忽略掉。在钢-混凝土组合梁设计中，混凝土翼缘板有时很宽，考虑远离钢梁的翼缘压应力很小，为了避免进行复杂的三维空间分析，常将结构简化为二维平面的梁来处理，故在设计中认为翼缘在一定宽度范围压应力是均匀分布的，这一等效宽度被称为翼缘有效（计算）宽度。引入翼缘有效宽度的概念，采用有效宽度代替真实翼缘宽度的办法，可基于初等梁理论来求解梁内的最大变形和应力[41]。

关于有效宽度的问题，国内外很多学者已做过研究，研究范围包括简支组合梁[42]、连续组合梁[43]、压型钢板组合楼盖作为翼缘的组合梁[44]及框架节点区的组合梁翼缘有效宽度[45]，研究方法主要有解析法、有限元分析法和实验研究等方法。同时他们对影响翼缘板有效宽度的各种因素进行了分析，给出了确定翼缘有效宽度的方法。基于这些研究成果，各国规范中对于翼缘板有效宽度取值均有规定[15,16,46-50]。但是在已有的研究中，均没有考虑实际结构体系中横梁对纵梁有效宽度的影响,而在实际结构中组合梁的端部通常都有横梁存在[51]。

目前世界各国的设计规范均采用有效宽度方法进行组合梁的设计计算。我国规范中关于混凝土翼缘板有效宽度的规定较为简单,考虑的因素也不全面。根据国内外的相关规定,通过对钢-混凝土组合梁翼缘板有效宽度进行了比较分析,混凝土翼缘板有效宽度的取值对钢-混凝土组合梁的刚度、承载能力和变形的计算结果均有一定影响,尤其对刚度的影响更大。因此,有效宽度的计算成为钢-混凝土组合梁设计和研究中的关键问题。研究剪力滞后现象就是为了能确定翼缘板上的弯曲应力的分布状态,进而求解翼缘板有效宽度,为组合梁的设计提供依据。

关于剪力滞后问题,国内外很多学者已经做过研究,研究方法主要有解析法、数值解法及模型试验等[52-55]。解析理论方法中又有弹性理论解法（包括调谐函数法、正交异性板法、折板理论法）和比拟杆法及能量变分法。其中,弹性理论解法是解决简单力学模型的有效方法,多数局限于等截面简支梁。该法以经典的弹性理论为基础,能获得较精确的解答。但弹性力学方程的求解导致分析和计算公式烦琐,使其在工程实际问题中的应用受到了一定的限制。因此,弹性理论解法只能解决少部分相对简单的问题,已无法适应复杂结构分析的要求。

比拟杆法是通过一些基本假设,将实体结构离散为只承受轴向力的杆件与只承受剪力的系板组合体,简化了力学模型,但它一般适合于等截面箱梁,对于一些复杂力系和复杂结构的剪力滞分析仍然有一定的困难。

能量变分法是从假定箱梁翼缘板的纵向位移模式出发,可以获得闭合解,不仅能描绘出任意截面剪滞效应的函数图像,而且还可以定性地分析每种不同参数的影响情况。这种方法在桥梁初步设计中,颇受工程师的欢迎,但该法一般也只适合于等截面箱梁,目前仍无法获得变截面箱梁的闭合解。另外,该法将翼缘板作了平面应力假设,尽管所获得的最大应力与实际应力相接近，但在翼板的自由端仍存在较大的误差。

数值解法（包括有限单元法、有限条法、有限差分法、有限段法）中的有限单元法尽管能获得较全面而准确的应力分布图像，可作为一种数值验证对比的好方法，亦可以检验解析理论中所作的各种假设和近似的敏感性、合理性，同时又可以使试验中无法模拟、无法控制的要素通过数值模拟实现。但它所花的机时和储存量太大，一般难以满足实用要求，尤其在初步设计阶段，工程一般采用简捷方法。

有限条法是从有限单元法发展出来的一种半解析方法，与有限单元法相比，它具有简单、计算量小的优点。

有限差分法和有限段法目前用来计算变高度箱梁的剪力滞问题。有限差分法是一种传统的数值计算方法，它的计算时间和储存量比有限单元法小，但比有限段法大。

有限段法是以薄壁理论为基础，采用半解析方法，可以减少计算工作量，但由于目前采用等截面单元，在相邻单元的边界上仍然存在着高阶位移函数不连续问题，有待进一步改进。

模型试验是一门古老的技术，对结构工程的技术发展起到了应有的作用。模型试验是为结构分析提供数据和结论的主要手段之一，也是检验数值理论和解析理论正确性的主要依据。但是桥梁模型试验一方面要花费大量的人力和物力；另一方面诸多因素在试验中仍存在不可模拟性和不可控制性，所以单纯依赖试验手段将不可避免地有很大的局限性。

2.2　影响有效宽度的因素

在已知钢-混凝土组合梁混凝土翼缘板中弯曲应力的分布状态后，其翼缘板有效宽度b_e可按式（2.1）或式（2.2）计算[56,57]。

$$b_e = \frac{\int_{h_c}\int_b \sigma_z \mathrm{d}x\mathrm{d}y}{\int_{h_c}|\sigma_z|_{x=0}\mathrm{d}y} \quad (2.1)$$

$$b_e = \frac{\int_b \sigma_z \mathrm{d}x}{|\sigma_z|_{x=0}} \qquad (2.2)$$

上述二式中，σ_z 为混凝土翼缘板中弯曲应力，当 $x=0$ 时，σ_z 取得最大值；b 为混凝土翼缘板的宽度；h_c 为混凝土翼缘板的厚度。

当混凝土翼缘板中弯曲应力沿 y 轴方向的分布规律相同时，上述二式计算结果相同。由于组合梁中的混凝土翼缘板一般情况下厚度不大，可将其看成薄壁构件，不考虑弯曲应力沿 y 轴方向的变化，而直接按式（2.2）计算有效宽度 b_e。

对于组合梁中的混凝土翼缘板有效宽度问题，概述中已经介绍了它的计算方法。钢-混凝土结合梁剪力滞效应分析以及模型试验结果表明：翼缘板有效宽度随宽跨比（b/l）、荷载类型、荷载分布、钢梁和混凝土翼缘板的截面尺寸、抗剪连接程度、边界条件、钢材和混凝土材料特性等的不同而变化，其中前三个因素为主要影响因素。不同类型荷载作用，翼缘板有效宽度沿梁长度方向的分布规律不同。简支组合梁在集中荷载作用下，荷载作用位置处翼缘板有效宽度最小，向两侧逐渐增大，到支座处再次减小，b/l 越大，上述变化越明显。简支组合梁在均布荷载作用下，跨中翼缘板有效宽度最大，向两侧逐渐减小。

对于连续组合梁中间支座处，混凝土翼缘板受拉力作用，翼缘板有效宽度较小，向两侧有效宽度逐渐增大，其变化相当于集中荷载作用下的简支梁翼缘板有效宽度的变化规律。

2.3 各国规范对组合梁翼板有效宽度的规定

各国设计规范都对组合梁翼缘板有效宽度规定了简洁实用的条款，且都以简支组合梁的翼缘有效宽度为基础。对于连续组合梁结构，常分为边跨、中跨和支承处三部分，分别按简支组合梁计算。表2.1列出了各国设计规范对钢-混凝土组合梁翼缘板有效宽度的计算公式及规定[15,18,58,59]。

表2.1 各国设计规范对组合梁翼缘板有效宽度的规定

规范	有效宽度取值	备注
JTJ 025—86 公路桥涵钢结构及木结构设计规范（中国）	b_e取三者中最小值： 1）$L/3$ 2）s 3）b_0+12h_c	L为跨度 s为相邻梁轴线距离 b_0为板托顶宽，h_c为翼板厚度
GB 50017—2003 钢结构设计规范（中国）	b_e取其中最小值： 1）$L/3$ 2）s 3）b_0+12h_c	L为跨度 s为相邻梁轴线距离 b_0为板托顶宽，h_c为翼板厚度
BS 5400 钢-混凝土组合桥梁规范（英国）	翼缘有效宽度为腹板两侧有效宽度之和 腹板间有效宽度：$b_e=\psi b$ 腹板外侧部分：$b_e=0.85b_i$	ψ为翼缘有效宽度之比，分简支、悬臂和连续梁，集中和均布荷载 b为腹板中心距离 b_i为腹板外侧到腹板中心距离
AASHTO 桥梁设计规范（美国）	内梁b_e取其中最小值 1）$L/4$ 2）$12t+(t_w, b_0/2)$ max 3）s	L为有效跨度，t为平均板厚 t_w为腹板厚度，b_0为钢梁顶板 s为两相邻梁的平均间距
Eurocode 4 钢-混凝土组合结构设计规范（欧洲）	1）$b_e=b_{e1}+b_{e2}$ 2）$b_{ei}=L_0/8 \leq b_i$（$i=1,2$） 3）$b_i=0.5s$	b_i为翼板的外伸宽度 L_0为零弯矩点之间的距离 s为相邻梁轴线距离

2.4 翼缘板有效宽度分析

根据各国设计规范对简支组合梁翼缘板有效宽度的具体规定，每种规范的基本特征如下。

（1）中国两部设计规范在有效宽度取值中均没有考虑荷载类型、结构形式及梁的位置，但考虑了混凝土翼缘板厚度的影响。在混凝土翼缘板宽度较小时，中国设计规范翼缘板有效宽度取值最大。当混凝土翼缘板宽度增大时，欧洲4设计规范翼缘板有效宽度取值最小。在设计方法上，中国规范《公路桥涵钢结构及木结构设计规范》采用容许应力法，其他规范均采用极限状态法。事实上，在承载能力极限状态计算时翼缘板有效宽度要大于正常使用极限状态。

（2）英国设计规范在有效宽度取值中考虑了荷载类型、结构形式、梁的位置等，但不考虑混凝土翼缘板厚度的影响。

（3）美国设计规范在有效宽度取值中没有考虑荷载类型，但考虑了结构形式、梁的位置及混凝土翼缘板厚度等。当混凝土翼缘板宽度增大时，美国设计规范和中国设计规范的翼缘板有效宽度取值接近，英国设计规范的翼缘板有效宽度取值最大。

（4）欧洲4设计规范在有效宽度取值中不考虑荷载类型、结构形式、梁的位置及混凝土翼板厚度等。

综上所述，钢-混凝土组合梁翼缘板有效宽度不仅与梁的跨度、截面形式和尺寸有关，更重要的是与荷载作用下的结构受力特性有关，我国设计规范没有考虑荷载类型的变化。

在简支组合梁的基本公式中，我国的规定和美国、欧洲4的规定接近。当钢梁的间距较小时，我国规定的翼缘板有效宽度最大；钢梁间距较大时，欧洲4规定的翼缘板有效宽度最小，英国设计规范的翼缘板有效宽度取值最大。

2.5 钢-轻骨料混凝土组合梁有效宽度分析

我国现行《钢结构设计规范》（GB 50017—2003）和《公路桥涵钢结构及木结构设计规范》（JTJ 025—86）中对混凝土翼缘板有效宽度的确定均与《混凝土结构设计规范》中的T形截面混凝土梁相同，但钢-轻骨料混凝土组合梁与普通的T形截面混凝土梁有一定区别：首先，轻骨料混凝土材料的变形性能与普通混凝土的性能不同；其次，钢梁与轻骨料混凝土翼缘板组合之后的工作性能与普通T形截面混凝土梁有较大差异。书中采用能量变分法对钢-轻骨料混凝土组合梁的有效宽度进行分析。

2.5.1 能量变分法的控制微分方程

图2.1所示组合梁,钢-轻骨料混凝土组合梁的翼缘板考虑剪切变形影响,腹板不考虑剪切变形的影响,且所有板件均属薄板,引入广义位移函数 $u(x,z)$ [60-62]。

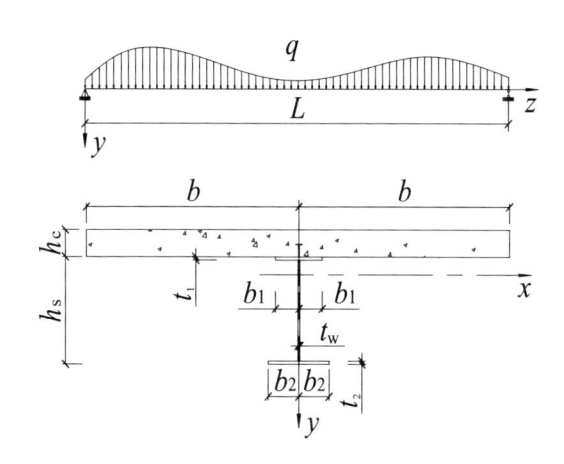

图2.1 截面及计算坐标

混凝土翼缘板位移函数:

$$u(x,z) = -h_c[w' + (x/b)^3 v(z)]$$

钢梁上翼缘位移函数:

$$u_1(x,z) = -h_1[w' + (x/b_1)^3 v(z)]$$

钢梁下翼缘位移函数:

$$u_2(x,z) = h_2[w' + (x/b_2)^3 v(z)]$$

式中: $w = w(z)$ ——梁轴线挠曲方程;

$v(z)$ ——剪切转角的最大差值;

h_c、h_1、h_2——混凝土翼缘板和钢梁上、下翼缘板形心到组合截面形心轴的距离。

钢-轻骨料混凝土组合梁各部位的变形能如下。

轻骨料混凝土板的应变能：

$$U_c = 2\{\frac{1}{2}\int_0^l \int_0^b t_c(E_c\varepsilon_c^2 + G_c\gamma_c^2)\mathrm{d}x\mathrm{d}z\}$$

$$= \frac{1}{2}\int_0^l E_c I_c(w''^2 + \frac{1}{2}w''v' + \frac{1}{7}v'^2 + \frac{9}{5}\frac{G_c}{E_c}\frac{v^2}{b^2})\mathrm{d}z$$

钢梁上翼缘的应变能：

$$U_1 = 2\{\frac{1}{2}\int_0^l \int_0^{b_1} t_1(E_s\varepsilon_{s1}^2 + G_s\gamma_{s1}^2)\mathrm{d}x\mathrm{d}z\}$$

$$= \frac{1}{2}\int_0^l \alpha E_c I_{s1}(w''^2 + \frac{1}{2}w''v' + \frac{1}{7}v'^2 + \frac{9}{5}\frac{G_c}{E_c}\frac{v^2}{b_1^2})\mathrm{d}z$$

钢梁下翼缘的应变能：

$$U_2 = 2\{\frac{1}{2}\int_0^l \int_0^{b_2} t_2(E_s\varepsilon_{s2}^2 + G_s\gamma_{s2}^2)\mathrm{d}x\mathrm{d}z\}$$

$$= \frac{1}{2}\int_0^l \alpha E_c I_{s2}(w''^2 + \frac{1}{2}w''v' + \frac{1}{7}v'^2 + \frac{9}{5}\frac{G_c}{E_c}\frac{v^2}{b_2^2})\mathrm{d}z$$

钢梁腹板应变能：

$$U_w = \frac{1}{2}\int_0^l E_s I_{sw}(w'')^2\mathrm{d}z = \frac{1}{2}\int_0^l \alpha E_c I_{sw}(w'')^2\mathrm{d}z$$

荷载势能：

$$V = -\int_0^l q(z)w(z)\mathrm{d}z = \int_0^l M(z)w''\mathrm{d}z$$

体系总势能为：

$$\Pi = U + V = U_c + U_1 + U_2 + U_w + V$$

$$= \int_0^l [M(z)w'' + \frac{1}{2}(E_c I_{sw} + E_c I_0)w''^2 + \frac{1}{4}E_c I_0 w''v' + \frac{1}{14}E_c I_0 v'^2 + \frac{9}{10}\frac{G_c}{E_c}E_c I_1\frac{v^2}{b^2}]\mathrm{d}z \qquad （2.3）$$

令：$I_0 = \alpha I_{s1} + \alpha I_{s2} + I_c$

$$I = \alpha I_{sw} + I_0$$

$$I_1 = \alpha I_{s1}(b/b_1)^2 + \alpha I_{s2}(b/b_2)^2 + I_c$$

$$n = \frac{1}{1 - 7I_0/16I}$$

$$k = \frac{1}{b}\sqrt{\frac{63 G_c n I_1}{5E_c I_0}}$$

以上式中：I_{s1}、I_{s2}、I_c——钢梁上翼缘、下翼缘和混凝土板对组合截面中和轴的惯性矩；

E_s、E_c、$\alpha = E_s/E_c$——钢材、混凝土的弹性模量和模量比。

对式（2.3）求变分，有：

$$\delta\Pi = \int_0^l [M(z) + E_c I w'' + \frac{1}{4}E_c I_0 v']\delta w'' dz + (\frac{1}{4}E_c I_0 w'' + \frac{1}{7}E_c I_0 v')\delta v \Big|_0^l$$
$$+ \int_0^l [-(\frac{1}{4}E_c I_0 w''' + \frac{1}{7}E_c I_0 v'') + \frac{9}{5}\frac{G_c}{E_c}E_c I_1 \frac{v}{b^2}]\delta v dz = 0$$

由上式可得控制方程为

$$E_c I w'' + M(z) + \frac{1}{4}E_c I_0 v' = 0 \qquad (2.4)$$

$$E_c I_0 [-\frac{1}{4}w''' - \frac{1}{7}v'' + \frac{9}{5}\frac{G_c I_1 v}{E_c I_0 b^2}] = 0 \qquad (2.5)$$

$$E_c I_0 [\frac{1}{4}w''(0) + \frac{1}{7}v'(0)]\delta v(0) = 0 \qquad (2.6)$$

$$E_c I_0 [\frac{1}{4}w''(l) + \frac{1}{7}v'(l)]\delta v(l) = 0 \qquad (2.7)$$

整理后可得

$$v'' - k^2 v = \frac{7n Q(z)}{4E_c I} \qquad (2.8)$$

$$w'' = -\frac{M(z)}{E_c I} - \frac{1}{4}\frac{I_0}{I}v' \qquad (2.9)$$

2.5.2 轻骨料混凝土翼缘板的有效宽度

轻骨料混凝土翼缘板纵向应力可按下式求得

$$\sigma_z = E_c \frac{\partial u(x,z)}{\partial z} = -E_c h_1(w'' + \frac{x^3}{b^3}v') = E_c h_1[\frac{M}{E_c I} - (\frac{x^3}{b^3} - \frac{I_c}{4I})v']$$

由上式可知，当 $x = 0$ 时取得最大值，即

$$\sigma_{z\max} = E_c h_1(\frac{M}{E_c I} + \frac{I_c}{4I}v')$$

轻骨料混凝土翼缘板有效宽度可按下式计算，即

$$b_e = \frac{2\int_0^b \sigma_z dx}{\sigma_{z\max}} = \frac{2\int_0^b E_c h_1[\frac{M}{E_c I} - (\frac{x^3}{b^3} - \frac{I_c}{4I})v']dx}{E_c h_1(\frac{M}{E_c I} + \frac{I_c}{4I}v')}$$

$$= \frac{2b[\frac{M}{E_c I} - \frac{1}{4}(1 - \frac{I_c}{I})v']}{\frac{M}{E_c I} + \frac{I_c}{4I}v'} = 2b\eta \qquad (2.10)$$

其中，η 为翼缘板有效宽度系数，整理后得

$$\eta = 1 - \frac{\frac{1}{4}E_c I v'}{M + \frac{1}{4}E_c I_c v'} \qquad (2.11)$$

由式（2.10）可知：b_e 与轻骨料混凝土翼缘板的厚度、轻骨料混凝土的弹性模量、钢梁的截面尺寸及荷载分布情况有关。

要确定有效宽度 b_e，首先必须求出 v'。v' 可按式（2.8）和式（2.9），依据不同的荷载情况、边界条件和变分条件要求解出。将 v' 代入式（2.11）

可求得翼缘板有效宽度系数 η，进而求得轻骨料混凝土翼缘板有效宽度。

2.5.3 均布荷载作用下简支梁的有效宽度系数

图2.2所示为均布荷载作用下的简支组合梁。

$$M = \frac{1}{2}qz(l-z), \quad Q = \frac{1}{2}q(l-2z)$$

将 M、Q 及边界条件代入式（2.8）和式（2.9）可解出

$$v = \frac{7nq}{4E_c I k^2}\left[-\frac{1}{2}(l-2z) - \frac{1}{k}\text{sh}kz + \frac{\text{ch}kl-1}{k\text{sh}kl}\text{ch}kz\right]$$

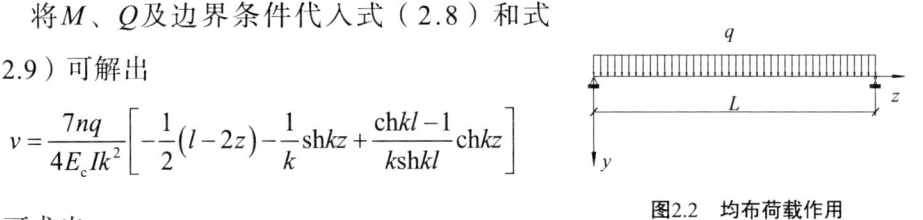

图2.2 均布荷载作用

则可求出

$$\eta = 1 - \frac{\frac{1}{4}E_c I v'}{M + \frac{1}{4}E_c I_c v'} = 1 - \frac{\gamma}{\frac{1}{2}z(l-z) + \frac{I_c}{I}\gamma} \quad (2.12)$$

其中，$\gamma = \frac{7n}{16\,k^2}(1 - \text{ch}kz + \frac{\text{ch}kl-1}{\text{sh}kl}\text{sh}kz)$。

2.5.4 集中荷载作用下简支梁的有效宽度系数 η

图2.3所示为集中荷载作用下的简支组合梁。

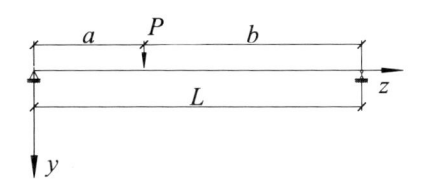

图2.3 集中荷载作用

当 $0 \leq z \leq a$ 时

$$M_1 = \frac{Pbz}{l}, \quad Q_1 = \frac{Pb}{l}$$

当 $a < z \leq l$ 时

$$M_2 = (a - az/l)P, \quad Q_2 = -Pa/l$$

将 $M_{1(2)}$、$Q_{1(2)}$ 及边界条件以及函数在 $z=a$ 分段点处 $\delta v_1(a) = \delta v_2(a) = \delta v(a)$ 的条件代入式（2.8）和式（2.9）可解出 $v_{1(2)}$。

当 $0 \leq z \leq a$ 时

$$v_1 = \frac{7nP}{4E_c I k^2} \left[\frac{\mathrm{sh}k(l-a)}{\mathrm{sh}kl} \mathrm{ch}kz - \frac{b}{l} \right]$$

当 $a < z \leq l$ 时

$$v_2 = \frac{7nP}{4E_c I k^2} \left(\mathrm{sh}ka\, \mathrm{sh}kz - \frac{\mathrm{sh}ka}{\mathrm{th}kl} \mathrm{ch}kz + \frac{a}{l} \right)$$

则可求出 $\eta_{1(2)}$。

当 $0 \leq z \leq a$ 时

$$\eta_1 = 1 - \frac{\frac{1}{4} E_c I v_1'}{M + \frac{1}{4} E_c I_c v_1'} = 1 - \frac{\gamma_1}{bz/l + I_c \gamma_1 / I} \qquad (2.13)$$

当 $a < z \leq l$ 时

$$\eta_2 = 1 - \frac{\frac{1}{4} E_c I v_2'}{M + \frac{1}{4} E_c I_c v_2'} = 1 - \frac{\gamma_2}{a(1-z/l) + I_c \gamma_2 / I} \qquad (2.14)$$

其中，$\gamma_1 = \frac{7n}{16k} \left[\frac{\mathrm{sh}k(l-a)-1}{\mathrm{sh}kl} \mathrm{sh}kz \right]$，$\gamma_2 = \frac{7n}{16k} \left[\frac{\mathrm{sh}ka}{\mathrm{sh}kl} \mathrm{sh}k(l-z) \right]$。

2.5.5 两点对称集中荷载作用下简支梁的有效宽度系数 η

图2.4所示为两点对称集中力作用下的简支组合梁。

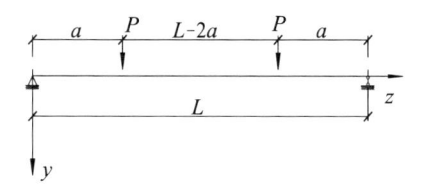

图2.4 两点对称集中力作用

当$0 \leqslant z \leqslant a$时

$$M_1 = Pz, \quad Q_1 = P$$

当$a < z \leqslant l-a$时

$$M_2 = Pa, \quad Q_2 = 0$$

当$l-a < z \leqslant l$时

$$M_2 = P(l-z), \quad Q_2 = -P$$

将$M_{1(2,3)}$、$Q_{1(2,3)}$及边界条件以及函数在分段点$z=a$和$z=l-a$处$\delta v_1(a) = \delta v_2(a) = \delta v(a)$及$\delta v_2(l-a) = \delta v_3(l-a) = \delta v(l-a)$的条件代入式（2.8）和式（2.9）可解出$v_{1(2,3)}$。

当$0 \leqslant z \leqslant a$时

$$v_1 = \frac{7nP}{4E_c I k^2}\{[\mathrm{ch}ka + \frac{\mathrm{sh}ka}{\mathrm{sh}kl}(1-\mathrm{ch}kl)]\mathrm{ch}kz - 1\}$$

当$a < z \leqslant l-a$时

$$v_2 = \frac{7nP}{4E_c I k^2}[\mathrm{sh}ka\mathrm{sh}kz - \frac{\mathrm{sh}ka\mathrm{ch}kz}{\mathrm{sh}kl}(1-\mathrm{ch}kl)]$$

当$l-a < z \leqslant l$时

$$v_3 = \frac{7nP}{4E_c I k^2}[\mathrm{sh}ka + \mathrm{sh}k(l-a)](\mathrm{sh}kz - \frac{\mathrm{ch}kz}{\mathrm{th}kl})$$

则可求出$\eta_{1(2,3)}$。

当$0 \leqslant z \leqslant a$时

$$\eta_1 = 1 - \frac{\frac{1}{4}E_c I v_1'}{M + \frac{1}{4}E_c I_c v_1'} = 1 - \frac{\gamma_1}{z + I_c \gamma_1 / I} \quad (2.15)$$

当 $a < z \leq l-a$ 时

$$\eta_2 = 1 - \frac{\frac{1}{4}E_c I v_2'}{M + \frac{1}{4}E_c I_c v_2'} = 1 - \frac{\gamma_2}{a + I_c \gamma_2 / I} \quad (2.16)$$

当 $l-a < z \leq l$ 时

$$\eta_3 = 1 - \frac{\frac{1}{4}E_c I v_3'}{M + \frac{1}{4}E_c I_c v_3'} = 1 - \frac{\gamma_3}{l - z + I_c \gamma_3 / I} \quad (2.17)$$

其中，$\gamma_1 = \frac{7n}{16k}[\text{ch}ka + \frac{\text{sh}ka}{\text{sh}kl}(1-\text{ch}kl)]\text{sh}kz$；

$\gamma_2 = \frac{7n}{16k}(\text{ch}kz + \frac{1-\text{ch}kl}{\text{sh}kl}\text{sh}kz)\text{sh}ka$。

2.6 钢-轻骨料混凝土组合梁考虑滑移的有效宽度分析

由于我国现行《钢结构设计规范》和《公路桥涵钢结构及木结构设计规范》中对混凝土翼缘板有效宽度的确定均与《混凝土结构设计规范》中的T形截面混凝土梁相同。钢-轻骨料混凝土组合梁与普通的T形截面混凝土梁的主要区别在于钢梁与混凝土翼板的结合面间存在剪切滑移（相对滑移），且相对滑移与组合梁剪力连接件的布置数量和刚度有关。目前收集到的资料表明，国内外多数学者在考虑结合面间的相对滑移对普通混凝土组合梁的刚度及承载力的影响方面做了大量工作。文献[63]提出考虑滑移效应对组合梁抗弯强度的影响，建立了考虑滑移效应的弹性和极限抗弯强度计算公式。文献[64]考虑交接面相对滑移对钢与混凝土组合梁的变形影响，利用弹性分析理论建立了钢与混凝土简支组合梁的变形微分方程，得到了不同荷载作用下的钢与混凝土组合梁的变形计算公式。文献[65]采用有限元分析方法，对影响翼缘有效宽度的因素作了数值分析。文献[66]利用 Goodman 弹性夹层假设及弹性体变形理论，推导了简支钢-混凝土组合梁的界面滑移和挠曲变形的理论计算公式，该公式描述了界面滑移规律，也体现了界面滑移对组合梁挠曲变形的影响。总之无论是承载能力计算，还是刚度计算均没有考虑组合梁翼缘板有效宽度的变化。考虑组合梁结合面间的相对滑移对混凝土翼缘板有效宽度影响的研究报告目前未见报道。书中将采用能量变分法对钢-轻骨料混凝土组合梁的界面相对滑移进行研究分析，探讨界面相对滑移对组合梁有效宽度的影响，研究钢-轻骨料混凝土组合梁在界面产生相对滑移后，其组合梁翼缘板的有效宽度的变化规律。

2.6.1 控制微分方程

图2.1所示组合梁，在荷载作用下，钢-轻骨料混凝土组合梁的变形由两部分组成[60,62,67]，即服从平截面假定的弯曲变形和钢梁与混凝土翼缘板界面间的相对滑移变形。

组合梁弯曲产生的轴向位移可用组合梁弯曲产生的横截面纵向位移和组合梁的轴线挠度来表达

$$v_1(x,y,z) = -yw'(z)$$

式中：$w(z)$——组合梁轴线挠曲方程。

钢梁与混凝土翼缘板界面间的相对滑移可用组合梁滑移产生的横截面纵向位移和组合梁界面相对滑移函数来表达

$$v_2(x,y,z) = f(x,y)u(z)$$

式中：$u(z)$——组合梁界面相对滑移函数；

$f(x,y)$——组合梁滑移产生的横截面纵向位移函数，其公式为

$$f(x,y) = \begin{cases} -\alpha A_s(1-x^3/b^3)/(A_c+A_s) & y \leqslant h_c \\ A_c/(A_c+A_s) & y > h_c \end{cases}$$

A_s——钢梁截面面积；

A_c——混凝土翼板截面面积；

$\alpha = E_s / E$——钢材弹性模量与混凝土弹性模量比。

钢-轻骨料混凝土组合梁的实际位移为上述两项位移的叠加：

$$v(x,y,z) = v_1(x,y,z) + v_2(x,y,z) = f(x,y)u(z) - yw'(z) \quad (2.18)$$

钢-轻骨料混凝土组合梁的变形能为

$$U_l = \frac{1}{2}\int_l\int_h\int_b (E\varepsilon^2 + G\gamma^2)dxdydz = \frac{1}{2}\int_l\int_h\int_b [E(fu' - yw'')^2 + G(f'u)^2]dxdydz$$

$$= \frac{1}{2}\int_l\int_h\int_b [E(f^2u'^2 + 2yfw''u' + y^2w''^2) + Gf'^2u^2]dxdydz$$

$$= \frac{1}{2}\int_l (EIw''^2 - 2EI_1w''u' + EI_2u'^2)dz + \frac{1}{2}\int_l GC_1u^2 dz$$

式中：$I = \int_A y^2 dA$；

$I_1 = \int_A yf \, dA$；

$I_2 = \int_A f^2 dA$；

$C_1 = \int_{A_c} f'^2 dA_c$；

G——混凝土的剪切模量。

简支梁的荷载势能：

$$V = -\int_l qw dz = \int_l Mw'' dz$$

界面相对滑移应变能：

$$U_d = \frac{1}{2}\int_l k_d u^2 dz$$

式中：$k_d = \dfrac{3EI}{l^3}$——连接件沿梁轴线单位长度相对滑移一个单位的剪切刚度。

体系总势能为

$$\Pi = U_l + U_d + V$$

$$\Pi = \int_0^l [\frac{1}{2}(EIw''^2 - 2EI_1 w''u' + EI_2 u'^2) + \frac{1}{2}k_d u^2 + \frac{1}{2}GC_1 u^2 + Mw''] dz \quad (2.19)$$

对式（2.19）求变分，有

$$\delta \Pi = \int_0^l (M + EIw'' - EI_1 u')\delta w'' \mathrm{d}z - (EI_1 w'' - EI_2 u')\delta u \Big|_0^l -$$
$$\int_0^l [-EI_1 w''' + EI_2 u'' - (k_d + GC_1)u]\delta u \mathrm{d}z = 0$$

可得控制方程为

$$EIw'' + M - EI_1 u' = 0 \qquad (2.20)$$

$$-EI_1 w''' + EI_2 u'' - (k_d + GC_1)u = 0 \qquad (2.21)$$

$$[EI_1 w''(0) - EI_2 u'(0)]\delta u(0) = 0 \qquad (2.22)$$

$$[EI_1 w''(l) - EI_2 u'(l)]\delta u(l) = 0 \qquad (2.23)$$

整理后可得

$$u'' - k^2 u = -k_1 M' \qquad (2.24)$$

$$w'' = -\frac{M}{EI} + \frac{I_1}{I} u' \qquad (2.25)$$

式中：$k^2 = \dfrac{k_d + GC_1}{E(I_2 - I_1^2/I)}$；

$k_1 = \dfrac{I_1}{E(I_2 - I_1^2/I)}$。

2.6.2 考虑滑移影响的轻骨料混凝土翼缘板有效宽度

考虑滑移影响的轻骨料混凝土翼缘板纵向应力可按下式计算：

$$\sigma_z = E\frac{\partial v(x,y,z)}{\partial z} = E(fu' - yw'') = -E[C_2(1-\frac{x^3}{b^3}) + \frac{I_1}{I}y]u' + Ey\frac{M}{EI}$$
$$= E[y\frac{M}{EI} - (C_2 - C_2\frac{x^3}{b^3} + \frac{I_1}{I}y)u']$$

由上式可知，当 $x = 0$ 时 σ_z 取得最大值，即

$$\sigma_{z\max} = E[y\frac{M}{E} - (C_2 + \frac{I_1}{I}y)u']$$

考虑滑移影响的轻骨料混凝土翼缘板有效宽度为

$$b_e = \frac{\int_{h_c}\int_b \sigma_z \mathrm{d}x\mathrm{d}y}{\int_{h_c} \sigma_{z\max} \mathrm{d}y} = \frac{\int_{h_c}\int_b E[y\frac{M}{EI} - (C_2 - C_2 \frac{x^3}{b^3} + \frac{I_1}{I}y)u']\mathrm{d}x\mathrm{d}y}{\int_{h_c} E[y\frac{M}{EI} - (C_2 + \frac{I_1}{I}y)u']\mathrm{d}y}$$

$$= \frac{2b\{\frac{M}{2I}(h_c + 2h_1) - [\frac{3}{4}EC_2 + E\frac{I_1}{2I}(h_c + 2h_1)]u'\}}{\frac{M}{2I}(h_c + 2h_1) - [EC_2 + E\frac{I_1}{2I}(h_c + 2h_1)]u'}$$

$$= 2b\eta \tag{2.26}$$

其中，η 为翼缘板有效宽度系数，其计算公式为

$$\eta = 1 - \frac{\frac{1}{2}EIC_2 u'}{[2EIC_2 + EI_1(h_c + 2h_1)]u' - M(h_c + 2h_1)} \tag{2.27}$$

式中：$C_2 = \alpha A_s / (A_c + A_s)$；

h_c——混凝土翼缘板厚度；

h_1——钢梁与混凝土翼缘板界面到组合截面形心轴的距离。

由（2.26）式可知：b_e 与轻骨料混凝土翼缘板的厚度、轻骨料混凝土的弹性模量、钢梁的截面尺寸、界面相对滑移（连接件剪切刚度）及荷载分布情况有关。

考虑滑移影响的轻骨料混凝土翼缘板有效宽度 b_e 的计算方法同 2.5.2 节。

2.6.3 均布荷载作用下简支组合梁考虑滑移影响的有效宽度系数

如图 2.2 所示的组合梁，将 M、Q 及边界条件代入式（2.24）和式（2.25）可解出 u，即

$$u = \frac{k_1 q}{k^2}(\frac{l-2z}{2} + \frac{1}{k}\mathrm{sh}kz + \frac{1-\mathrm{ch}kl}{k\mathrm{sh}kl}\mathrm{ch}kz)$$

则可求出 η，即

$$\eta = 1 - \frac{EIC_2 \frac{k_1}{2k^2}(\mathrm{ch}kz + \frac{1-\mathrm{ch}kl}{\mathrm{sh}kl}\mathrm{sh}kz - 1)}{E[2IC_2 + I_1(h_c + 2h_1)]\frac{k_1}{k^2}(\mathrm{ch}kz + \frac{1-\mathrm{ch}kl}{\mathrm{sh}kl}\mathrm{sh}kz - 1) - \frac{1}{2}z(l-z)(h_c + 2h_1)} \tag{2.28}$$

2.6.4 集中荷载作用下简支组合梁考虑滑移影响的有效宽度系数

如图2.3所示的组合梁，将$M_{1(2)}$、$Q_{1(2)}$及边界条件和函数在$z=a$分段点处$\delta u_1(a) = \delta u_2(a) = \delta u(a)$的条件代入式（2.24）和式（2.25）可解出$u_{1(2)}$。

当$0 \leq z \leq a$时

$$u_1 = \frac{k_1 P}{k^2}\left[\frac{b}{l} - \frac{\mathrm{sh}k(l-a)}{\mathrm{sh}kl}\mathrm{ch}kz\right]$$

当$a < z \leq l$时

$$u_2 = \frac{k_1 P}{k^2}\left(-\mathrm{sh}ka\mathrm{sh}kz + \frac{\mathrm{sh}ka}{\mathrm{th}kl}\mathrm{ch}kz - \frac{a}{l}\right)$$

则可求出$\eta_{1(2)}$。

当$0 \leq z \leq a$时

$$\eta_1 = 1 - \frac{-EIC_2 \dfrac{k_1}{2k}\dfrac{\mathrm{sh}k(l-a)}{\mathrm{sh}kl}\mathrm{sh}kz}{-E[2IC_2 + I_1(h_c + 2h_1)]\dfrac{k_1}{k}\dfrac{\mathrm{sh}k(l-a)}{\mathrm{sh}kl}\mathrm{sh}kz - \dfrac{z}{l}(l-a)(h_c + 2h_1)} \quad （2.29）$$

当$a < z \leq l$时

$$\eta_2 = 1 - \frac{EIC_2 \dfrac{k_1}{2k}\mathrm{sh}ka\left(\dfrac{\mathrm{ch}kl}{\mathrm{sh}kl}\mathrm{sh}kz - \mathrm{ch}kz\right)}{E[2IC_2 + I_1(h_c + 2h_1)]\dfrac{k_1}{k}\mathrm{sh}ka\left(\dfrac{\mathrm{ch}kl}{\mathrm{sh}kl}\mathrm{sh}kz - \mathrm{ch}kz\right) - \dfrac{a}{l}(l-z)(h_c + 2h_1)} \quad （2.30）$$

2.6.5 对称集中荷载作用下简支组合梁考虑滑移影响的有效宽度系数

如图2.4所示的组合梁，将$M_{1(2,3)}$、$Q_{1(2,3)}$及边界条件及函数在分段点$z=a$和$z=l-a$处$\delta u_1(a) = \delta u_2(a) = \delta u(a)$及$\delta u_2(l-a) = \delta u_3(l-a) = \delta u(l-a)$的条件代入式（2.24）和式（2.25）可解出$u_{1(2,3)}$。

当$0 \leq z \leq a$时

$$u_1 = \frac{k_1 P}{k^2}[1 - \frac{\text{sh}ka + \text{sh}k(l-a)}{\text{sh}kl}\text{ch}kz]$$

当$a < z \leq l-a$时

$$u_2 = \frac{k_1 P \text{sh}ka}{k^2}(-\text{sh}kz + \frac{\text{ch}kl-1}{\text{sh}kl}\text{ch}kz)$$

当$l-a < z \leq l$时

$$u_3 = \frac{k_1 P}{k^2}[\text{sh}ka + \text{sh}k(l-a)](-\text{sh}kz + \frac{\text{ch}kz}{\text{th}kl} - 1)$$

则可求出$\eta_{1(2,3)}$。

当$0 \leq z \leq a$时

$$\eta_1 = 1 - \frac{-EIC_2\frac{k_1}{2k}\frac{\text{sh}ka + \text{sh}k(l-a)}{\text{sh}kl}\text{sh}kz}{-E[2IC_2 + I_1(h_c + 2h_1)]\frac{k_1}{k}\frac{\text{sh}ka + \text{sh}k(l-a)}{\text{sh}kl}\text{sh}kz - z(h_c + 2h_1)} \quad (2.31)$$

当$a < z \leq l-a$时

$$\eta_2 = 1 - \frac{EIC_2\frac{k_1}{2k}\text{sh}ka(\frac{\text{ch}kl-1}{\text{sh}kl}\text{sh}kz - \text{ch}kz)}{E[2IC_2 + I_1(h_c + 2h_1)]\frac{k_1}{k}\text{sh}ka(\frac{\text{ch}kl-1}{\text{sh}kl}\text{sh}kz - \text{ch}kz) - a(h_c + 2h_1)} \quad (2.32)$$

当$l-a < z \leq l$时

$$\eta_3 = 1 - \frac{EIC_2\frac{k_1}{2k}[\text{sh}ka + \text{sh}k(l-a)](\frac{\text{ch}kl}{\text{sh}kl}\text{sh}kz - \text{ch}kz)}{E[2IC_2 + I_1(h_c + 2h_1)]\frac{k_1}{k}[\text{sh}ka + \text{sh}k(l-a)](\frac{\text{ch}kl}{\text{sh}kl}\text{sh}kz - \text{ch}kz) - (l-z)(h_c + 2h_1)} \quad (2.33)$$

2.6.6 算例分析

一简支钢-轻骨料混凝土组合梁，跨度为6m，截面尺寸如图2.5所示。混凝土采用LC30，密度等级为1800kg/m³，混凝土弹性模量E_{c1}=18.5×10³N/

mm², 剪切模量G_{cl}=7.708×10³N/mm²；钢材采用Q235B，钢材弹性模量E_s=206×10³N/mm²，剪切模量G=79×10³N/mm²，确定在集中荷载、均布荷载及两点对称集中荷载分别作用下钢-轻骨料混凝土组合梁的有效宽度。计算结果详见表2.2～表2.4。为便于比较表中同时列入了不考虑相对滑移时的计算结果。

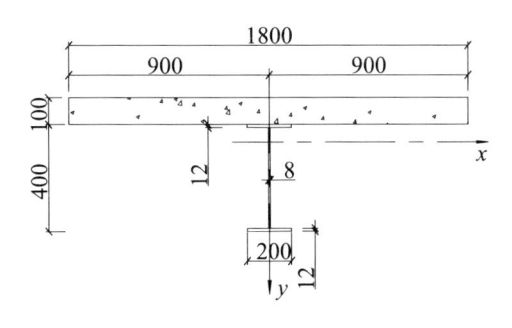

图2.5　组合梁截面

通过对钢-轻骨料混凝土简支组合梁在三种不同荷载作用下的实例分析，比较了考虑相对滑移影响和不考虑滑移影响的轻骨料混凝土翼缘板的有效宽度沿梁长的分布规律，可得如下结论。

（1）在同一位置不同荷载作用下，轻骨料混凝土翼缘板的有效宽度不同。考虑组合梁界面相对滑移影响时，无论在哪种荷载作用下，翼缘板的有效宽度沿梁的长度方向基本保持不变。

（2）在均布荷载作用下，跨中处翼缘板的有效宽度最大，向支座方向逐渐减小，但变化很小。

（3）在集中荷载作用下，无论其作用何处，总的规律是荷载作用位置处翼缘板的有效宽度最小，向两侧逐渐增大；在考虑相对滑移影响时，有效宽度沿梁长度方向的变化不大。

表2.2 均布荷载作用下的有效宽度系数

z	0.10L	0.20L	0.30L	0.40L	0.50L	0.60L	0.70L	0.80L	0.90L	备注
η	0.9996	0.9997	0.9998	0.9998	0.9999	0.9998	0.9998	0.9997	0.9996	有相对滑移
	0.9611	0.9743	0.9799	0.9823	0.9830	0.9823	0.9799	0.9743	0.9611	无相对滑移

表2.3 集中荷载作用下的有效宽度系数

z	0.10L	0.20L	0.30L	0.40L	0.50L	0.60L	0.70L	0.80L	0.90L	备注
a=0.20L	0.9999	0.9971	1.0000	1.0000	1.0000	1.0000	1.0000	1.0000	1.0000	有相对滑移
	0.9619	0.8870	0.9778	0.9958	0.9992	0.9998	0.9999	1.0000	1.0000	无相对滑移
a=0.50L	1.0000	1.0000	1.0000	0.9999	0.9981	0.9999	1.0000	1.0000	1.0000	有相对滑移
	0.9997	0.9992	0.9966	0.9843	0.9263	0.9843	0.9966	0.9992	0.9997	无相对滑移

表2.4 两点对称集中荷载作用下的有效宽度系数

z	0.10L	0.20L	0.30L	0.40L	0.50L	0.60L	0.70L	0.80L	0.90L	备注
a=0.20L	0.9999	0.9976	1.0000	1.0000	1.0000	1.0000	1.0000	1.0000	1.0000	有相对滑移
	0.9694	0.9094	0.9843	0.9974	0.9992	0.9974	0.9843	0.9094	0.9694	无相对滑移
a=0.30L	1.0000	0.9999	0.9984	1.0000	1.0000	1.0000	1.0000	1.0000	1.0000	有相对滑移
	0.9950	0.9843	0.9378	0.9892	0.9966	0.9892	0.9378	0.9843	0.9950	无相对滑移

（4）在两点对称集中荷载作用下，观察每个集中荷载的作用，其变化规律与一个集中荷载作用时相同。

2.7 小结

本章基于弹性理论，采用能量变分法分析了钢-轻骨料混凝土组合梁的翼缘板有效宽度，分别推导了不考虑滑移影响和考虑滑移影响的混凝土翼缘板有效宽度计算公式，通过算例研究了不同类型荷载作用下的钢-轻骨料混凝土组合梁翼缘板有效宽度沿组合梁跨度方向的分布规律：在均布荷载作用下，跨中处翼缘板的有效宽度最大，向支座方向逐渐减小，但变化很小；在集中荷载作用下，无论其作用何处，总的规律是荷载作用位置处翼缘板的有效宽度最小，向两侧逐渐增大；在两点对称集中荷载作用下，观察每个集中荷载的作用，其变化规律与一个集中荷载作用时相同。该项研究为钢-轻骨料混凝土组合梁的弹性理论分析提供了依据。

3 钢-轻骨料混凝土连接件推出试验

3.1 推出试件的设计与制作

3.1.1 试件设计

本书采用推出试验的方法研究栓钉变形性能,设计制作PT1~PT10共10个推出试件,规格尺寸如图3.1所示。钢梁选用国标HW200×200型钢,轻骨料混凝土板采用相同横向构造配筋,配筋率为0.67%。第一组PT1~PT4采用LC30轻骨料混凝土,钢梁两侧各焊2个φ16×90mm栓钉;第二组PT6~PT9采用LC40轻骨料混凝土,钢梁两侧各焊2个φ16×90mm栓钉;第三组PT5、PT10采用LC30轻骨料混凝土,钢梁两侧各焊1个φ16×90mm栓钉。综合考察不同轻骨料混凝土强度等级、不同栓钉布置方式条件下栓钉变形性能,以及对组合梁滑移性能及承载能力的影响。

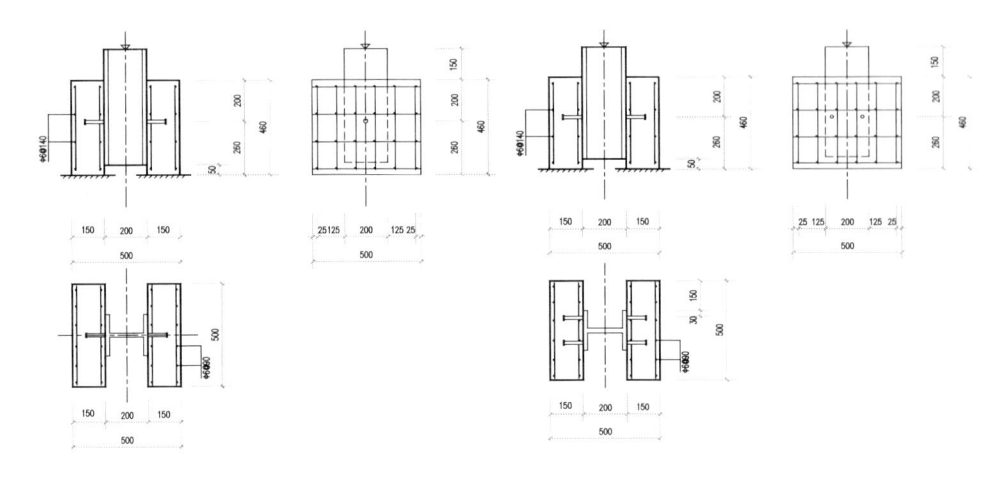

(a）双侧单钉布置图   (b）双侧双钉布置图

图3.1　推出试件

3.1.2　试件制作

推出试件制作过程：H型钢梁下料长度460mm，栓钉（φ16×90mm）定位后与钢梁焊接采用E43型焊条，在栓钉受力方向对称布置应变片并用塑料布包裹好预埋，试件严格按图3.1尺寸进行支模，确保两侧轻骨料混凝土板定位。轻骨料混凝土浇筑及试件养护等如图3.2所示。

(a）H型钢梁制作及栓钉应变片预埋   (b）试件支模

图3.2　试件制作

(c)轻骨料混凝土浇筑　　　　　　　　　　(d)试件养护

图3.2　试件制作（续）

3.2　材料性能

试验目的是研究组合梁的连接件变形能力、交界面滑移性能及栓钉的承载力，考察剪力连接件——栓钉的变形以及栓钉周边轻骨料混凝土的变形情况。首先测试了H型钢、栓钉及轻骨料混凝土的材料力学性能。

3.2.1　H型钢及栓钉力学性能

推出试件中的栓钉采用Q235圆钢加工而成，直径为16mm，长度为90mm（钉身长80mm，钉帽长10mm）；H型钢采用Q235B钢材，国标HW200×200×8×12，长度为460mm，其力学性能如表3.1所示。

表3.1　型钢及栓钉力学性能

试件名称	规格/mm	钢材牌号	强度标准值/（N/mm²） 抗拉极限（f_u）	强度标准值/（N/mm²） 屈服点（f_y）	强度实测值/（N/mm²） 抗拉极限（f_u）	强度实测值/（N/mm²） 屈服点（f_y）
栓钉	φ16×90	4.6级	≥400	240	440.9	353.6

续表

试件名称	规格 /mm	钢材牌号	强度标准值 /(N/mm^2) 抗拉极限 (f_u)	强度标准值 /(N/mm^2) 屈服点 (f_y)	强度实测值 /(N/mm^2) 抗拉极限 (f_u)	强度实测值 /(N/mm^2) 屈服点 (f_y)
H型钢	H200×200	Q235B	≥375	235	443	331.7

3.2.2 轻骨料混土的力学性能

试验用轻骨料混凝土分为LC30、LC40两种强度等级，水泥采用625号普通硅酸盐水泥、粗骨料为人造黏土陶粒（见图3.3），细骨料为中粗河砂及普通自来水，轻骨料混凝土的配合比见表3.2，实测轻骨料混凝土力学性能见表3.3，黏土陶粒性能见表3.4，轻骨料混凝土试块抗压试验如图3.4所示。

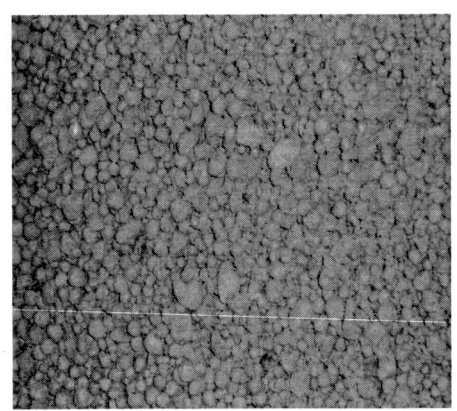

图3.3 轻骨料——黏土陶料

表3.2 轻骨料混凝土配合比

强度等级	材料用量/(kg/m^3) 水泥	砂	陶粒	水	减水剂
LC30	350	650	780	196	3.5
LC40	500	600	700	195	5.0

3 钢-轻骨料混凝土连接件推出试验

表3.3 轻骨料混凝土的力学性能

试块尺寸/mm	立方体抗压强度/MPa		弹性模量/MPa
	试验值	平均值	
100×100×100 （LC40）	35	35.33	2.315×10⁴
	35		
	36		
	35	34.67	
	35		
	34		
100×100×100 （LC30）	34	30.67	2.173×10⁴
	28		
	30		
	32	31.00	
	32		
	29		

图3.4 轻骨料混凝土强度试验

表3.3中，轻骨料混凝土弹性模量由下式求得：

$$E = 2.02\rho\sqrt{f_{cu,k}} \quad (3.1)$$

式中：ρ——轻骨料混凝土干表观密度；

$f_{cu,k}$——轻骨料混凝土抗压强度标准值。

表3.4 黏土陶粒性能

名　称	筒压强度 /MPa	松散容重 /（kg/m³）	粒径 /mm	干表观密度 ρ/（kg/m³）	每小时吸水率
黏土陶粒	6.1	780	5~16	1.937×10^3	17.49%

3.3 推出试验

3.3.1 测试内容

根据试验目的和要求，主要试验步骤、测试内容如下。

（1）利用5000kN长柱压力实验机，对推出试件分级施加荷载，测得推出试件极限荷载。

（2）采用机电百分表测量轻骨料混凝土板与钢梁间的相对滑移。测量点位置如图3.5所示，通过布置在11、16测点上的百分表测量推出试件的相对滑移量，通过布置在12、13、15测点上的百分表测量轻骨料混凝土板的侧向位移。

（3）通过预埋在栓钉中央上、下表面上的电阻应变片测量栓钉的变形性能。

（4）应变测量数据采用DHB3816（USB）静态应变测量系统进行数据采集，采集系统如图3.6所示。

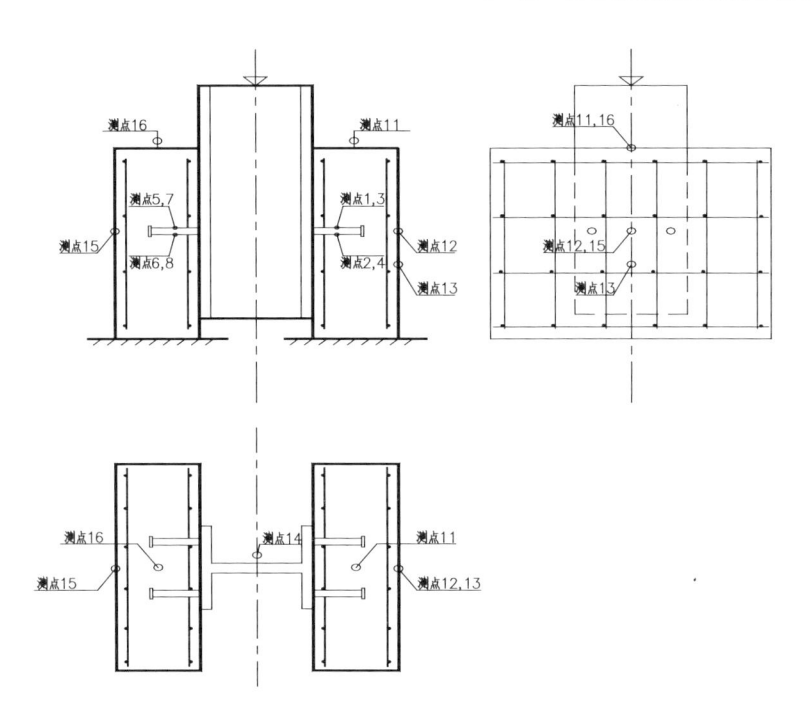

图3.5 推出试件测点布置详图

图3.6 DHB3816（USB）静态应变测量

图3.7 推出试验

3.3.2 加载装置及加载方法

试件就位前底面铺设硬质薄橡胶垫，H型钢顶面精细打磨并用钢垫块及薄钢片找平，以尽量避免加载偏心。

正式加载前对试件分两次进行预加载，以确保试件与垫层及垫块等各结合部位接触完好，同时检查各量测仪表是否正常工作，然后卸载，开始读取各测量仪表的初始值。

推出试验采用5000kN长柱压力实验机加载，推出试验如图3.7所示。试验采用分级加载，每级10kN，当试件出现较大非弹性变形，适当降低加载等级。

3.4 小结

本章介绍了轻骨料混凝土中栓钉推出试件的设计、加工及制作过程，进行了栓钉推出试验试件材料性能测试，介绍了推出试验测试目的、测试方案及测试内容。

4 推出试验结果分析

4.1 试验测量结果

当采用推出试验研究栓钉的抗剪强度时，如果能保证推出试件中所有栓钉同步加载而受力相等，试验结果便能够准确地反映出每个栓钉的受力性能。尽管在试验前采取了各种措施，但由于试验加载和试件本身受多种因素的影响，如试件的制作偏差、栓钉周围混凝土的密实程度、栓钉焊接位置的偏差、焊接质量的差异及加载偏心等，很难保证推出试件每一个栓钉所承受的荷载完全相等。为了便于综合评价栓钉的实际受力性能，仍取总荷载 P 除以栓钉个数作为单个栓钉所承受的荷载。推出试验的滑移测量结果如表4.1至表4.4所示。

表4.1 荷载-滑移实测结果

试件		P_u / kN	S_u / mm	S_D / mm	破环形态
第一组	PT1	68.75	8.04	5.94	一侧一个焊缝断
	PT2	64.50	8.84	5.36	一侧一个栓钉剪断
	PT3	78.75	6.39	4.15	一侧一个栓钉剪断，一个焊缝断
	PT4	52.50	8.53	6.02	一侧两个焊缝断
	平均值	66.13	7.95	5.37	—
第二组	PT6	66.25	8.11	5.21	一侧一个栓钉剪断
	PT7	71.00	6.39	4.30	一侧一个栓钉剪断，一个焊缝断
	PT8	59.50	4.33	3.11	一侧一个栓钉剪断
	PT9	63.75	6.16	4.52	一侧一个栓钉剪断，一个焊缝断
	平均值	65.13	6.25	4.29	—
第三组	PT5	75.00	7.35	5.32	一侧栓钉剪断，一侧焊缝断
	PT10	65.00	6.25	4.81	两侧焊缝断
	平均值	70.00	6.80	5.07	—

表4.2 PT1～PT4荷载-滑移情况

试验加载 试件	20kN	50kN	100kN	150kN	200kN	250kN
PT1	1.28	1.54	2.17	3.06	4.17	6.17
PT2	1.40	1.67	2.01	2.52	3.03	5.87
PT3	1.62	1.97	2.39	3.20	4.21	5.16
PT4	3.89	4.19	4.42	4.76	8.12	—

表4.3 PT6～PT9荷载-滑移情况

试验加载 试件	20kN	50kN	100kN	150kN	200kN	230kN
PT6	3.01	3.22	3.71	4.20	4.95	5.99

续表

试验加载 试件	20kN	50kN	100kN	150kN	200kN	230kN
PT7	2.78	3.50	4.12	5.46	6.39	—
PT8	2.53	3.13	3.43	3.62	4.15	4.33
PT9	1.37	2.07	2.47	2.94	5.20	6.16

表4.4　PT5、PT10荷载-滑移情况

试验加载 试件	20kN	50kN	100kN	130kN	150kN
PT5	1.65	4.01	4.30	4.68	4.94
PT10	2.88	3.35	5.51	6.25	—

表中为P_u单个栓钉的极限荷载，S_u为对应P_u的滑移量，S_D为达到P_u后剖开单个推出试件测得的栓钉最大挠曲均值。

推出试验的荷载-滑移曲线如图4.1～图4.3所示（图中横坐标为推出试件施加的总荷载P）。

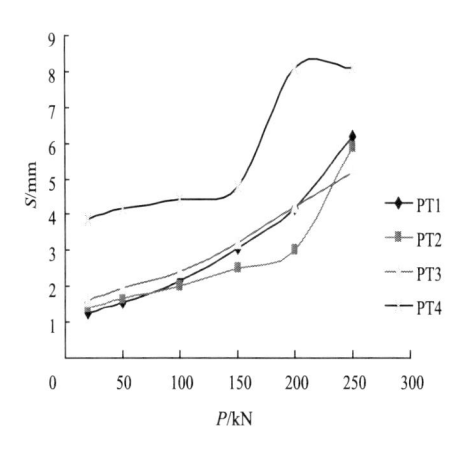

图4.1　PT1～PT4荷载-滑移曲线

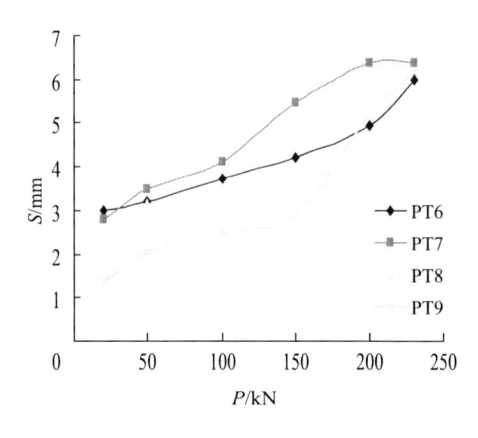

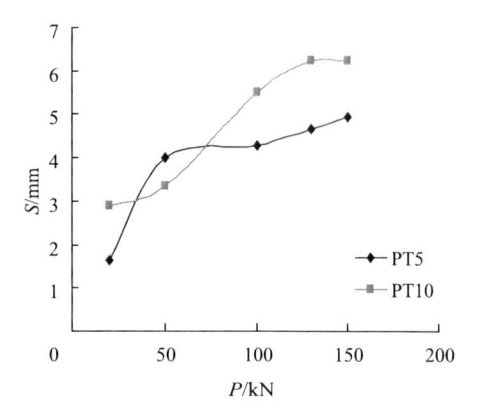

图4.2 PT6~PT9荷载-滑移曲线

图4.3 PT5、PT10荷载-滑移曲线

4.2 推出试件受力模型及破坏形态

推出试件在荷载作用下有如图4.4所示两种受力模式，H型钢通过栓钉将荷载传递给混凝土，混凝土板处于小偏心受压状态，故试件有如图4.4（a）所示的受力模式。栓钉以上部分的钢梁因受压引起的横向变形又会给混凝土板一个反向力矩，使试件倾向于如图4.4（b）所示的受力模式，两种受力模式均表现为混凝土板的掀起趋势[2,68]。试验通过机电百分表分别在测点12、13、15对推出试件混凝土侧向位移予以监测，实测结果见表4.5。试件的实际受力模式受试件的制作偏差、栓钉根部混凝土的密实程度、加载偏心等因素影响。

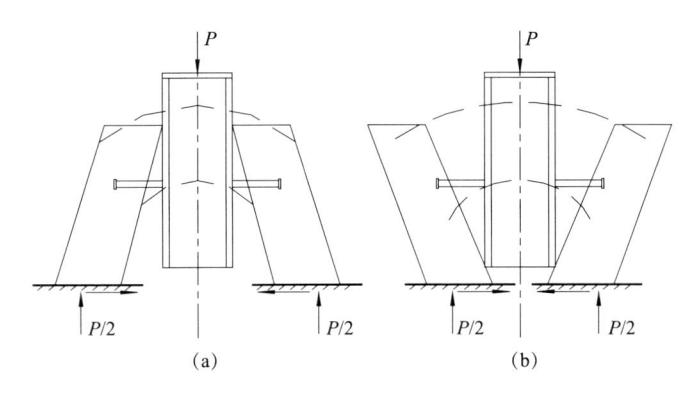

图4.4 推出试件受力模型

表4.5 推出试件混凝土板侧向位移值 u / mm

试件 测点	PT1	PT2	PT3	PT4	PT5	PT6	PT7	PT8	PT9	PT10
12	0.12	0.93	1.48	0.20	1.23	1.96	0.89	1.48	0.32	0.76
13	0.18	0.62	1.56	0.17	1.37	2.66	0.87	1.41	0.30	1.04
15	0.98	1.51	1.68	0.73	1.45	0.88	1.08	1.04	0.10	1.92

推出试件理论破坏形式主要有混凝土劈裂破坏和栓钉剪断破坏两种形式，因栓钉强度相对较低，本试验10个推出试件均表现为栓钉剪断破坏或栓钉在焊缝处破坏。将破坏后试件中的轻骨料混凝土板剖开后发现，栓钉均在根部出现较大变形，栓钉根部一小块区域内混凝土被压碎，推出试件破坏后栓钉及轻骨料混凝土的破坏形态如图4.5所示。

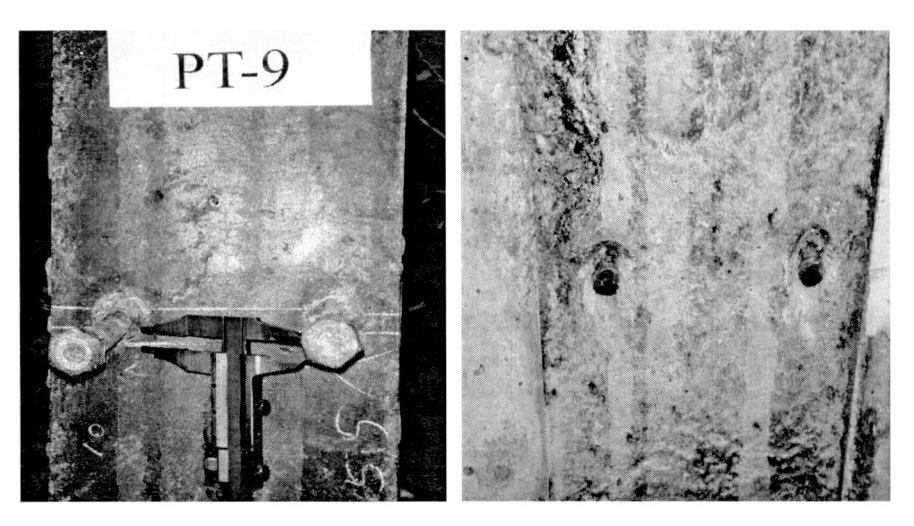

图4.5 栓钉及混凝土板的破坏形态

4.3 栓钉连接件荷载-滑移分析

栓钉连接件的荷载-滑移关系曲线是反映栓钉的承载力和变形性能等重要物理力学性能的参数[69]，是组合梁交界面上滑移分布规律不可缺少的试验依据，特别是在组合梁分析中广泛应用计算机技术和有限元方法后，连接件的荷载-滑移曲线更是不可缺少的重要依据。

栓钉的刚度较小，但其延性较好。多数研究人员认为栓钉连接件的荷载-滑移关系可表达为[1,32,70-73]

$$S = \frac{1}{18}\ln[1-(\frac{V}{V_u})^{\frac{5}{2}}]^{-1} \quad (4.1)$$

式中：S——栓钉滑移量；

V——栓钉连接件抗剪承载力；

V_u——栓钉连接件极限承载力。

J.W.Fisher 根据对普通混凝土和轻骨料混凝土的推出试验研究，给出了计算栓钉连接件荷载-滑移关系的公式[74-76]，该式没有考虑钢梁和混凝土板之间的黏结力。

$$S = \frac{1}{80}\left(\frac{V/V_u}{1-V/V_u}\right) \quad (4.2)$$

式中参数同式（4.1）。

文献[37]通过对试验数据回归，给出了栓钉在火山渣混凝土中的荷载-滑移关系

$$S = \frac{0.829(V/V_u)}{1-0.676(V/V_u)} \quad (4.3)$$

式（4.1）、式（4.2）和式（4.3）的荷载-滑移曲线及实测滑移曲线如图4.6所示。

由图4.6的栓钉荷载-滑移曲线可知，荷载-滑移关系式（4.1）及式（4.2）在$V \leq 0.9V_u$时，滑移变形很小，与实测滑移值相差较大。因此，栓钉在轻骨料混凝土中的荷载-滑移曲线不宜采用式（4.1）及式（4.2）的荷载-滑移关系。荷载-滑移关系式（4.3）可能有误，因为由式（4.3）可计算出最大极限滑移量为2.55mm，与实际不符。鉴于上述荷载-滑移关系与作者实测栓钉在轻骨料混凝土中荷载-滑移有一定出入，建议采用式（4.3）的基本形式，并对其进行修正后得到栓钉在轻骨料混凝土中荷载-滑移关系

$$S = \frac{V/V_u}{1-0.85(V/V_u)} \quad (4.4)$$

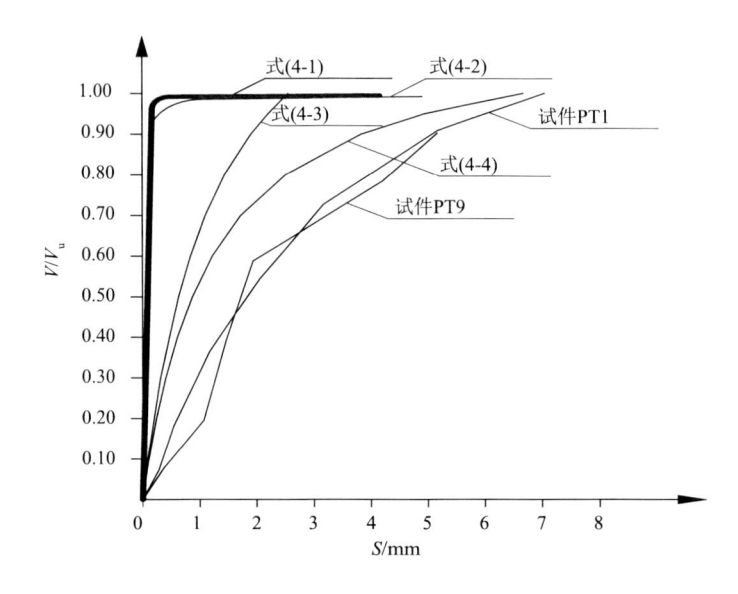

图4.6 栓钉荷载-滑移曲线

4.4 轻骨料混凝土板的掀起分析

按照4.2节的分析可知，推出试验在试件在加载后，混凝土板相对于H型钢产生侧向滑移，即板的掀起现象。推出试验中混凝土板相对于H型钢的掀起分布曲线如图4.7所示，图中y表示轻骨料混凝土板底边到测点的距离，u表示轻骨料混凝土板相对H型钢的掀起位移。从掀起分布曲线可以看出，掀起沿交界面呈直线分布，随着荷载的增加而增加，栓钉基本处于受拉状态，最后混凝土板与H型钢分离。由图4.7可知，4.2节分析的两种掀起现象在轻骨料混凝土板的推出试验中均出现了，与文献[2]、文献[68]的掀起分布比较，采用轻骨料混凝土板的推出试验掀起值均较大，因此，掀起作用对轻骨料混凝土组合梁的影响不可小视。当然，要详细分析轻骨料混凝土组合梁的掀起作用，还应作进一步的理论分析和试验研究。

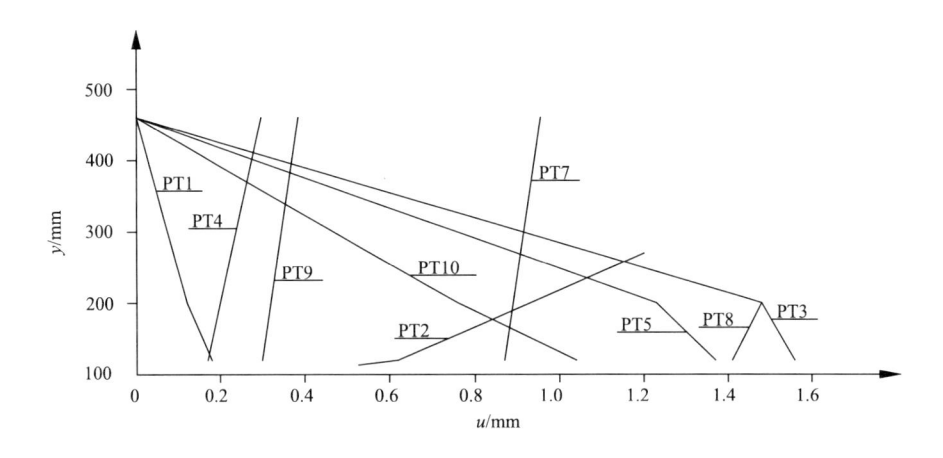

图4.7 推出试件混凝土板掀起分布图

4.5 界面滑移分析

在钢-混凝土组合梁中，钢梁与混凝土翼缘板之所以能够形成整体而协同工作是由于剪力连接件的作用。试验研究表明，目前广泛采用的栓钉等柔性连接件在传递交界面上的水平剪力时，由于连接件受力后会发生变形，而连接件与其周围的混凝土是协同工作的，它要引起邻近混凝土的变形，进而导致钢梁与混凝土板交界面处纵向变形的不一致，即产生了滑移应变和滑移。滑移导致组合梁截面承载能力下降、截面曲率增大、附加变形出现等，统称为滑移效应。对组合梁的滑移效应进行研究有益于定量地了解滑移对组合梁承载力和变形性能的影响。

根据抗剪连接程度的不同可将组合梁分为完全剪力连接和部分剪力连接两大类，简称完全组合梁和部分组合梁。所谓完全组合梁，是指组合梁中配有足够数量的抗剪连接件，在组合梁截面的极限弯矩作用下所产生的纵向剪力完全可由所配的抗剪连接件承担；所谓部分组合梁，是指抗剪连接件所能承担的剪力小于在截面极限弯矩作用下所产生的纵向剪力。为研究问题方便，引入了抗剪连接程度系数的概念，通常用 $\eta = n/n_f$ 来表示，n_f 为完全剪力连接所需连接件的数量，n 为部分剪力连接时实际所配置的连接件数量。当 $\eta \geq 1$ 时，表示组合梁按照完全剪力连接设计；当 $0 < \eta < 1$ 时，表示组合梁按照部分剪力连接设计；当 $\eta = 0$ 时，表示混凝土板与钢梁交界面上无任何交互作用的叠合梁。

组合梁在使用荷载作用下，其钢梁处于弹性工作阶段，混凝土翼缘板的最大压应变也位于应力-应变曲线的上升段，这已被大量的试验研究和数值分析结果所证实[77,78]，因此，为简化起见，弯矩作用下简支组合梁的滑移分析主要基于以下假设[79]。

（1）钢梁与混凝土板交界面上的水平剪力与相对滑移成正比。

（2）钢梁和混凝土板具有相同的曲率，并分别符合平截面假定。

（3）钢与混凝土均为线弹性材料。

基于上述假定，文献[2]给出跨中集中荷载作用下简支组合梁的滑移 S 和滑移应变 $\varepsilon_s \varepsilon_s$ 表达式：

$$S = \frac{\beta P(1+\mathrm{e}^{-\alpha L} - \mathrm{e}^{\alpha x - \alpha L} - \mathrm{e}^{-\alpha x})}{2(1+\mathrm{e}^{-\alpha L})} \tag{4.5}$$

$$\varepsilon_s = \frac{\alpha \beta P(\mathrm{e}^{-\alpha x} - \mathrm{e}^{\alpha x - \alpha L})}{2(1+\mathrm{e}^{-\alpha L})} \tag{4.6}$$

式中：$\alpha^2 = KA_1/E_s I_0 p$；

$\beta = hp/2KA_1$；

$A_1 = I_0/A_0 + (h/2)^2$；

$1/A_0 = 1/A_s + \alpha_E/A_c$；

$I_0 = I_s + I_c/\alpha_E$；

$h = h_c + h_s$；

s ——相对滑移（mm）；

ε_s——滑移应变;

P——跨中集中荷载(N);

p——剪力连接件的间距(mm);

α_E——钢与混凝土弹性模量比;

K——剪力连接件的刚度(N/mm);

h_c,h_s——混凝土板和钢梁的高度(mm);

I_s,I_c——钢梁和混凝土板的截面惯性矩(mm^4)。

钢-混凝土简支组合梁在跨中集中荷载作用下,对不同的剪力连接程度按两式计算得到的滑移及滑移应变分布如图4.8和图4.9所示。

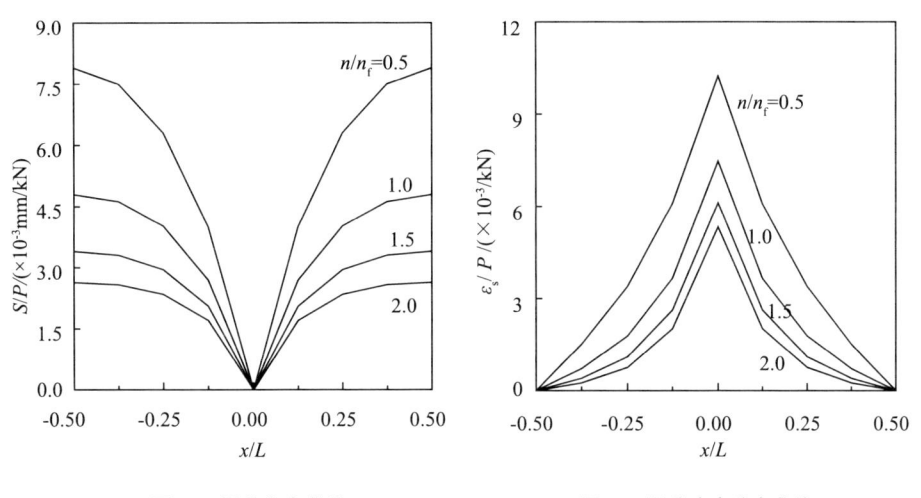

图4.8 滑移分布曲线

图4.9 滑移应变分布曲线

计算表明,梁端滑移量最大,此处栓钉所受荷载最大,而最大滑移应变则发生在弯矩最大的跨中截面。随着剪力连接程度的提高,滑移及滑移应变均有所降低。但在工程通常所能够接受的范围内,滑移不可能减小到可以忽略不计的程度。

4.6 小结

本章对推出试验的测试结果进行了分析。通过3组共10个推出试件进行推出试验,测得每个试件栓钉平均极限承载力P_u、钢梁与轻骨料混凝土板相对滑移S_u、单个推出试件栓钉最大挠曲均值S_D及轻骨料混凝土板侧向位移(掀起)值u,绘制了试件PT1~PT4、PT6~PT9、PT5、PT10荷载滑移曲线、推出试件混凝土板掀起分布曲线、栓钉连接件的荷载-滑移关系曲线等,直观反映了栓钉连接件荷载-滑移性能,给出了适合轻骨料混凝土组合梁的栓钉连接件荷载-滑移关系。

5 钢-轻骨料混凝土栓钉连接件承载力分析

本章采用有限元分析方法对推出试件中栓钉连接件的工作性能,主要侧重于极限状态下对栓钉的变形、承载力、H型钢与轻骨料混凝土板间的滑移效应进行模拟分析。模型中假设在达到承载力极限状态之前H型钢不发生屈曲,并按小变形假设进行分析。材料的本构关系、滑移曲线等依据试验及理论公式得到,以反映栓钉变形的非线性特性。

鉴于栓钉变形边界条件的不确定性,书中采用根据栓钉实际变形反推等效荷载的方式对栓钉施加反力,对应于滑移量的轻骨料混凝土的变形可由推出试验的滑移值扣除栓钉变形的方式获得。对推出试验中的轻骨料混凝土部分在有限元建模过程中未予具体考虑。

5.1 栓钉连接件的工作机理

推出试件中栓钉的工作机理与轻骨料混凝土性质密切相关。轻骨料混凝土为脆性材料,但在三向受压状态下具有良好的塑性。混凝土在受力较小时横向变形较小,随着应力的增大,混凝土内部裂缝扩展,横向变形增加,受周围混凝土的约束(这种约束随栓钉作用的增大而增大),受压混凝土的强度和延性都明显提高。栓钉受到钢梁通过焊缝传递的荷载及混凝土的被动反力,在弹性阶段受力的状态类似于弹性地基梁,混凝土则可以看作弹性地基[80]。如图5.1(a)所示,该地基梁在A端发生较大沉陷,使整个栓钉产生如图所示虚线方向的转动趋势。B端混凝土对这种趋势予以约束,产生与A端相反的约束力。随着荷载的增加,A端混凝土首先进入塑性,反力不在增加,而右侧区域混凝土的反力继续增大,以承担不断增加的外部荷载。栓钉则随荷载的增大逐渐进入塑性，直至破坏。由试验结果可以看出：栓钉的塑性区较小，发生在A端。当端点完全进入塑性，在端部形成塑性铰导致栓钉破坏。可以推断，此时在B端应当出现与A端方向相反的约束力。由于栓钉本身尺寸不大，B端又有应力集中的可能，轻骨料混凝土的反力呈现如图5.1（b）所示的分布情况，因此栓钉周围的轻骨料混凝土对栓钉的作用可以图5.1（b）的荷载形式施加给栓钉。

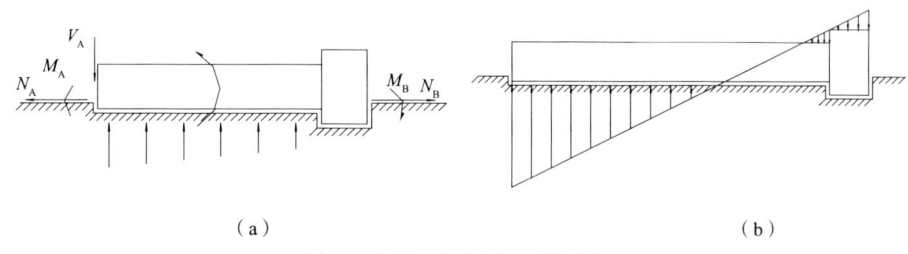

图5.1 栓钉受力模型及等效荷载

当H型钢与混凝土板之间发生分离即掀起的趋势时，在栓钉内会产生一定的拉力，但这种作用相对于交界面滑移等作用，对推出试件整体性能的影响较小，栓钉内的拉力也很小。因此，采用有限元建模时忽略掀起作用对模型力学性能的影响。

5.2 钢材本构关系

钢材的本构关系采用二折线形式的弹性-强化模型（双线性模型），如图5.2所示。钢材屈服后的应力-应变关系简化为平缓的斜直线，并取为 $E_s' = 0.01 E_s$，其优点是应力-应变关系唯一，有利于保证计算的收敛性。受拉与受压时钢材的弹性模量相同。钢材屈服强度根据材料试验的结

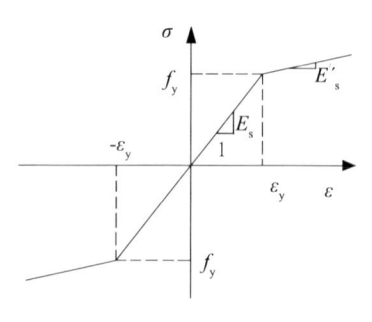

图5.2 钢材本构关系

5 钢-轻骨料混凝土栓钉连接件承载力分析

果统一选取。泊松比根据规范及相关文献的建议值取为 $v = 0.3$。

5.3 栓钉连接件施加反力计算

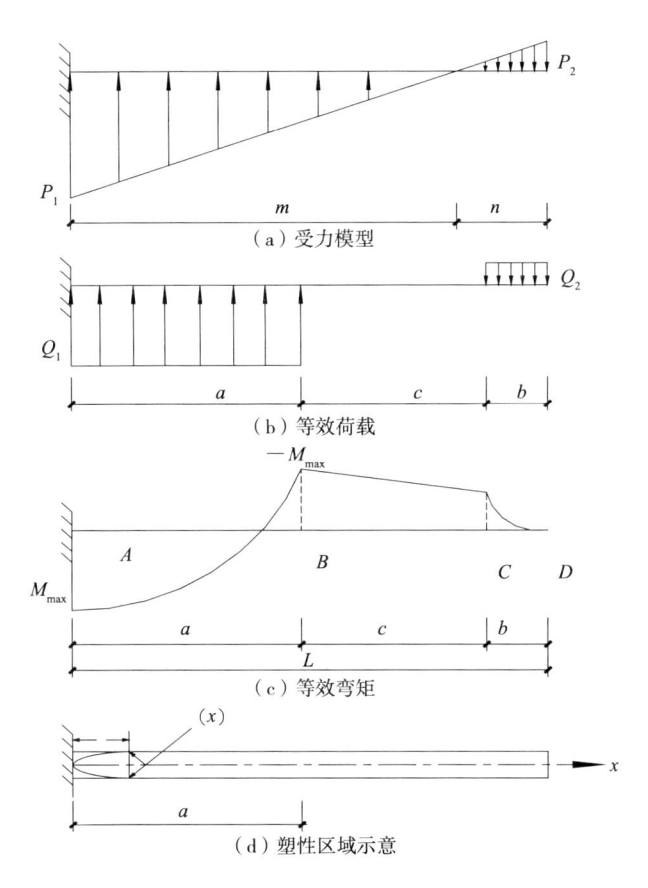

图5.3 栓钉受力模型及等效荷载

当外部荷载达到一定限值时,从荷载-滑移曲线来看,滑移增加越来越快,非线形特征越来越明显,其反力也应呈非线性变化。但因栓钉较短,以图5.3(a)所示直线三角荷载作用于试件,并根据试验所测得的栓钉挠曲均值S_D反推极限承载力,最后通过有限元分析结果与试验结果进行对比。

为了方便计算,首先将荷载等效成如图5.3(b)所示的矩形荷载,设其

65

中 $q_2 = \gamma q_1$（一般可取 $\gamma = 1/8$）。从结构的等效弯矩图5.3（c）可见，根部A点及中部B点分别达到正负弯矩最大值。根据试验结果可以推断栓钉根部一定首先进入塑性阶段，如图5.3（d）所示。对应弹性阶段的极限荷载q_{1e}、q_{2e}可由弹性极限弯矩M_e导出。

$$M_e = \frac{1}{2}q_{1e}a^2 - q_{2e}b(l - \frac{b}{2})$$

则可求得

$$q_{1e} = \frac{M_e}{\frac{1}{2}a^2 - \gamma b(l - \frac{b}{2})} = \frac{M_e}{\beta} = \frac{\sigma_s \pi d^3}{32\beta} \quad (5.1)$$

其中：$\beta = \frac{1}{2}a^2 - \gamma b(l - \frac{b}{2})$；

σ_s——对应M_e的应力，即弹性极限应力。

当$q_1 \geq q_{1e}$后，弯矩分布不变。在$x = \xi$处将梁分为两段：在$x \geq \xi$的各截面仍保持弹性，而在$0 \leq x \leq \xi$的各截面都有一部分进入塑性。在$0 \leq x \leq \xi$范围内，其弯矩M为

$$M = \frac{1}{2}q_1(a-x)^2 - q_2 b(l - \frac{b}{2} - x) = q_1[\frac{1}{2}x^2 + (\gamma b - a)x + \beta] \quad (5.2)$$

由于实际试件塑性区不大，且$a >> b$，故只考虑$\xi \leq a$的情况，截面塑性开展区域大小可按下式计算

$$\zeta(x) = \pm\sqrt{3 - 2\frac{M}{M_e}} = \pm\sqrt{3 - q_1\frac{x^2 + 2(\gamma b - a)x + 2\beta}{q_{1e}\beta}}, \quad (x \leq \xi) \quad (5.3)$$

显然，上式中，随着x的减小，$\zeta(x)$也随之减小，即在$x=0$处截面塑性区域大小为

$$\zeta(0) = \pm\sqrt{3 - \frac{2q_1}{q_{1e}}}$$

当 $\zeta(0)=0$ 时，$\dfrac{q_1}{q_{1e}}=\dfrac{3}{2}$，也就是固定端截面弹性区完全消失，截面的弯矩 $M=M_s$。此时曲率 K 可以任意增大（形成塑性铰），悬臂梁（栓钉）丧失进一步承载能力，所以 $q_{1s}=\dfrac{3}{2}q_{1e}$ 便是栓钉的极限荷载。则 $x=\xi$ 处弯矩为弹性极限弯矩，于是有

$$q_{1s}[\dfrac{1}{2}\xi^2+(\gamma b-a)\xi+\beta]=M_e=\beta q_{1e} \tag{5.4}$$

可以求出

$$\xi=(a-\gamma b)\pm\sqrt{(\gamma b-a)^2-\dfrac{2}{3}\beta}=\mu l \tag{5.5}$$

式中，μ 为栓钉的塑性铰区段长度与栓钉长度的比值。

下面求 $q_1=q_{1e}$ 及 $q_1=q_{1s}$ 时梁（栓钉）端部的挠度：

在 $q_1=q_{1e}$ 时全梁还是弹性的，各截面的曲率可用下式表示，即

$$\dfrac{K}{K_e}=\dfrac{M}{M_e} \tag{5.6}$$

M 为分段函数，其弯矩表达式不难求出，弯矩走势如图5.3（c）所示，则

$$\dfrac{d^2\omega}{dx^2}=-k=-k_e\dfrac{M}{M_e} \tag{5.7}$$

由 $x=a$，$x=a+c$，$x=l$ 的连接条件及边界条件有

$$\omega_e(0)=\dfrac{d\omega_e(x)}{dx}\bigg|_{x=0}=0 \tag{5.8}$$

可求得：$\delta_e=\omega_e(l)$

当 $q_1=q_{1s}$ 时，以 $\dfrac{q_{1s}}{q_{1e}}=\dfrac{3}{2}$ 代入式（5.4）有

$$\zeta(x) = \pm\sqrt{3 - \frac{x^2 + 2(\gamma b - a)x + 2\beta}{2\beta/3}} \quad (5.9)$$

则塑性铰区 $0 \leqslant x \leqslant \xi$ 的曲率方程为

$$\frac{d^2\omega_s}{dx^2} = \frac{k_e}{\sqrt{3 - \frac{x^2 + 2(\gamma b - a)x + 2\beta}{2\beta/3}}} \quad (5.10)$$

由 $x=\xi$，$x=a$，$x=a+c$，$x=l$ 的连接条件及边界条件

$$\omega_s(0) = \frac{d\omega_s(x)}{dx}\Big|_{x=0} = 0 \quad (5.11)$$

可求得：$\delta_s = \omega_s(l)$

在悬臂梁（栓钉）达到塑性极限荷载时，挠度还是弹性量级的，故从 q_{1s} 卸载到 0 的端点残余挠度为 $\delta_s^e = \delta_s - \delta_e$。

表5.1 栓钉施加反力取值

取值 \ 试件	PT1～PT4 (S_D=5.37mm)	PT6～PT9 (S_D=4.29mm)	PT5、PT10 (S_D=5.07mm)
$p_1/d/$（N/mm²）	58.4	50.6	55.4
$p_2/d/$（N/mm²）	7.3	6.3	6.9

注：S_D 为推出试验测得的栓钉挠曲均值。

按上面求解过程，相应于试验测得的栓钉平均残余挠度为 5.37cm、4.29cm、5.07cm 时栓钉所承受的最大荷载分别为 58.06kN、49.88kN、54.81kN。栓钉施加反力值见表5.1。

5.4 计算结果分析

按推出试件实际尺寸，建立组合梁钢梁及栓钉部分的几何模型。栓钉

的纵向抗剪作用由Beam188单元模拟。有限元模型采用自由网格划分。考虑栓钉与钢梁焊接，且有限元分析采用的是小变形假定，建模时直接将栓钉与钢梁相邻节点进行自由度耦合，H型钢顶部施加x、y、z三个方向的位移约束。

在有限元程序计算过程中，按表5.1给出的栓钉反力施加计算值对栓钉施加荷载，三组推出试件变形和应力、应变计算结果如下。

第一组PT1~PT4（$S_D = 5.37\text{mm}$）：如图5.4~图5.6所示。

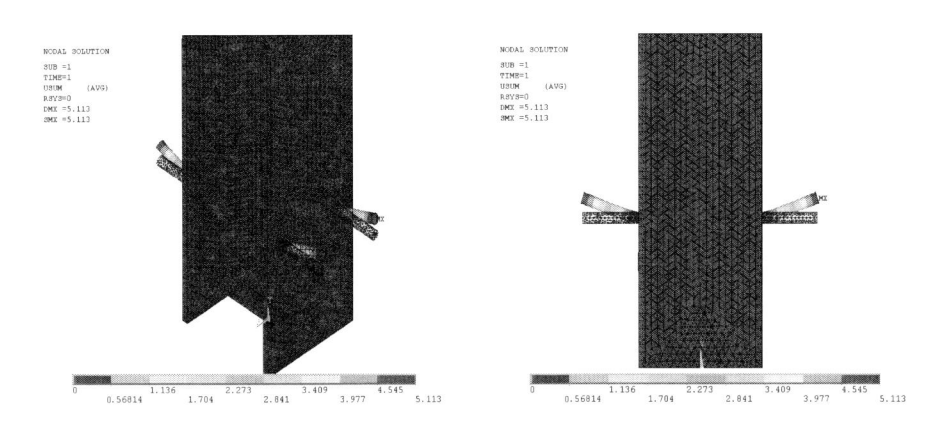

图5.4　PT1~PT4栓钉变形

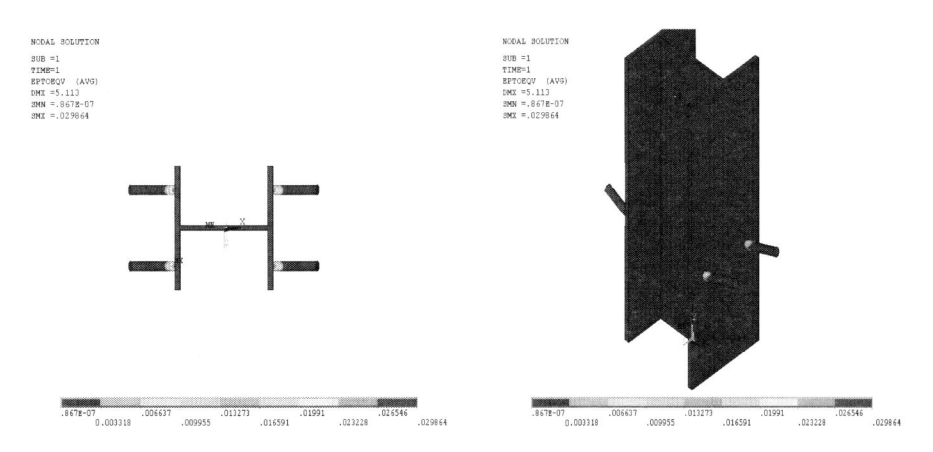

图5.5　PT1~PT4栓钉应变

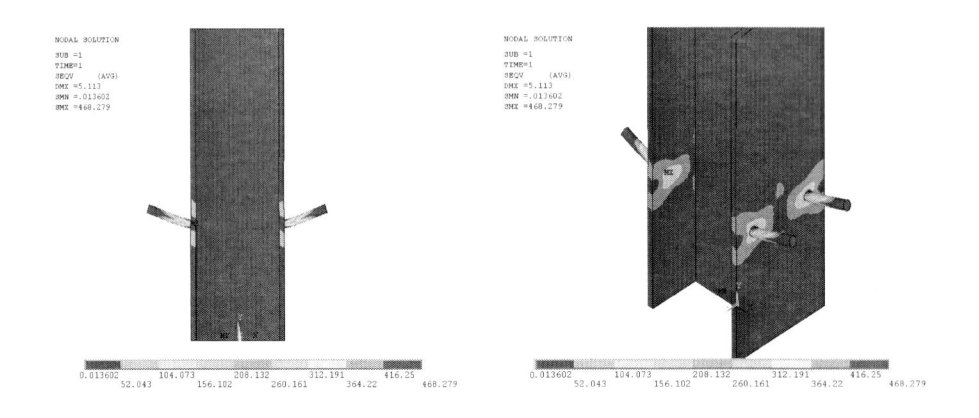

图5.6 PT1~PT4栓钉应力

由图5.4可知，在计算施加反力作用下，栓钉最大挠曲值 $S_D' = 5.113\text{mm}$。由图5.6可以观察到，此时栓钉根部已进入塑性阶段，最大应力值 $\sigma_D' = 468.279\text{N/mm}^2$，以达到栓钉的极限强度。

第二组PT6~PT9（S_D=4.29mm）：如图5.7~图5.9所示。

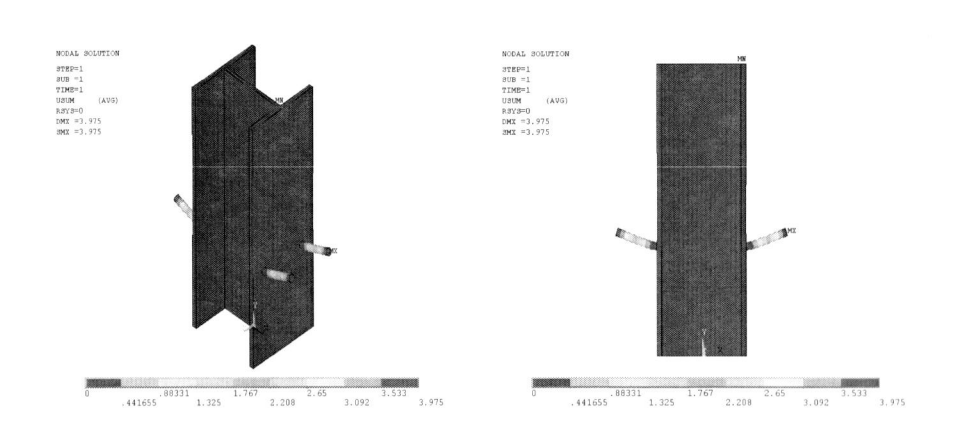

图5.7 PT6~PT9栓钉变形

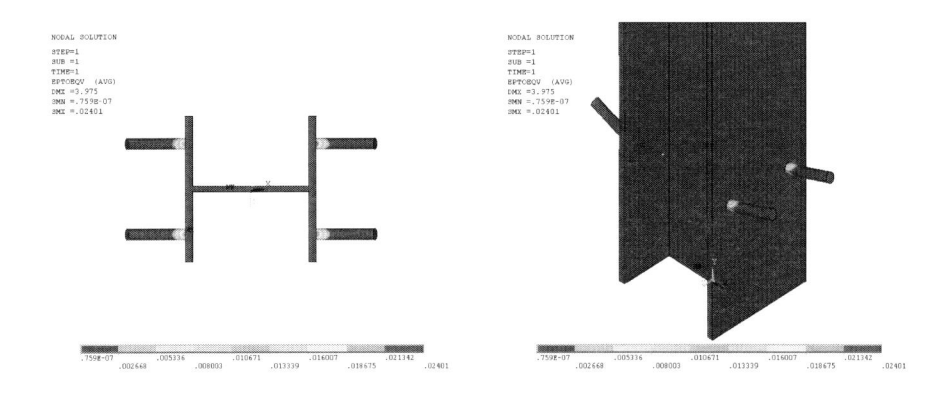

图5.8　PT6~PT9栓钉应变

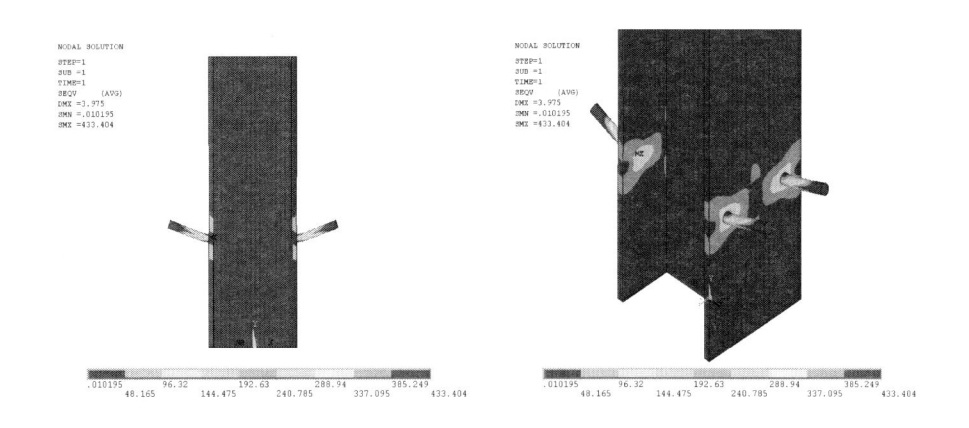

图5.9　PT6~PT9栓钉应力值

由图5.7可知，在计算施加反力作用下，栓钉最大挠曲值$S_D^{'}=3.975\,\text{mm}$。由图5.9可以观察到，此时栓钉根部已进入塑性阶段，最大应力值$\sigma_D^{'}=433.404\,\text{N/mm}^2$，也达到了栓钉的极限强度。

第三组PT5、PT10（S_D=5.07mm）：如图5.10~图5.12所示。

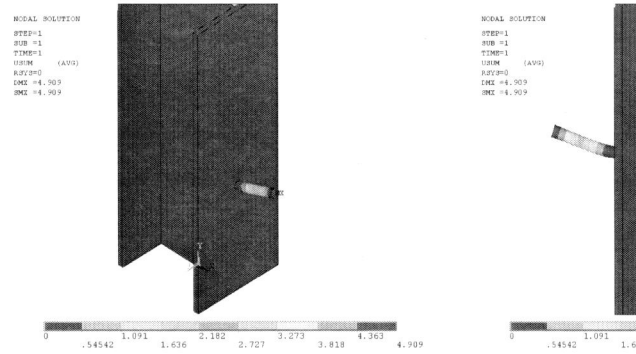

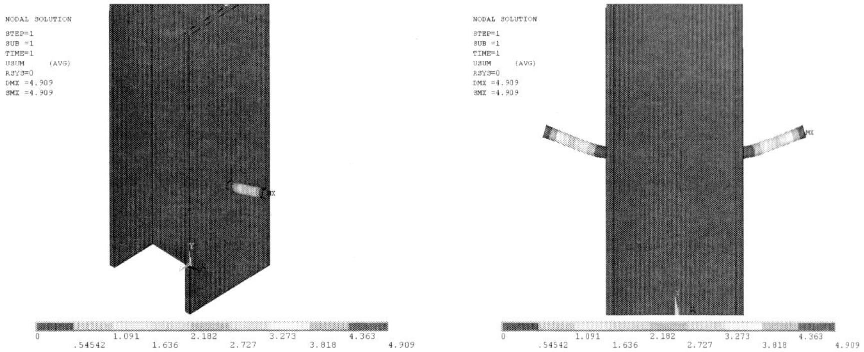

钢-轻骨料混凝土组合梁试验与分析

图5.10　PT5、PT10栓钉变形值

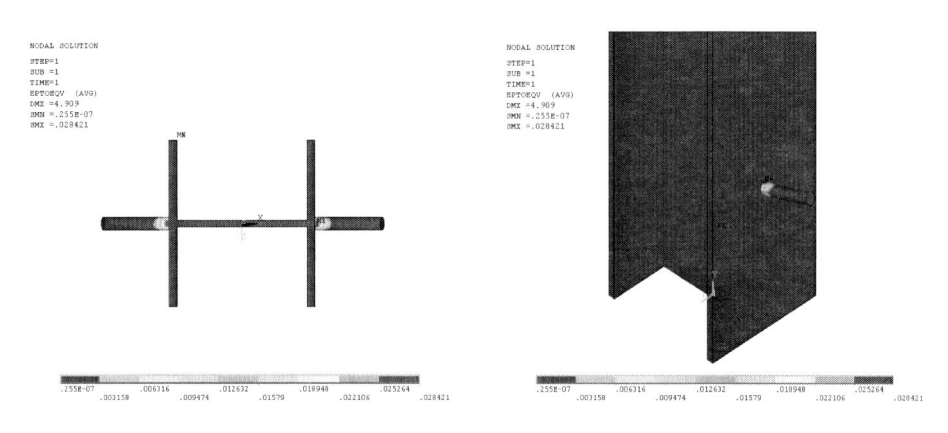

图5.11　PT5、PT10应变

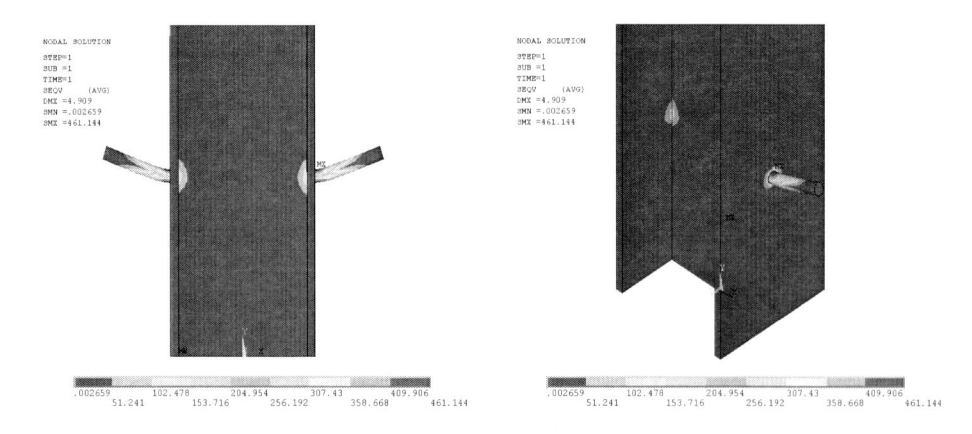

图.5.12　PT5、PT10栓钉应力

同样，由图5.10可以看出，在计算施加反力作用下，栓钉最大挠曲值 S_D'=4.009mm。由图5.12可以观察到，此时栓钉根部已进入塑性阶段，最大应力值 σ_D'=461.144N/mm^2，栓钉也达到了极限强度。

5.5 计算结果与试验结果的对比分析

有限元计算结果与试测数据的对比情况如表5.2所示。其中，P_u 为推出试验测得单个栓钉极限荷载，P_u' 表示按 S_D 推得栓钉施加反力进行有限元计算所得栓钉荷载值；S_D 表示推出试验栓钉实测挠曲均值，S_D' 表示按 S_D 推得栓钉施加反力进行有限元计算所得栓钉最大挠曲值。

表5.2 有限元结果与试验结果对比

推出试件	P_u / kN	P_u' / kN	P_u / P_u'	S_D /mm	S_D' /mm	S_D/S_D'
PT1~PT4	66.13	61.63	1.07	5.37	5.11	1.05
PT6~PT9	65.13	58.97	1.10	4.29	3.98	1.07
PT5、PT10	70.00	65.79	1.06	5.07	4.91	1.03

对比结果表明，通过手给栓钉施加计算反力进行的有限元分析，计算结果均与实测数据吻合良好，计算误差都在10%内，说明按本书给出的力学模型，采用有限元对推出试验栓钉连接件变形性能进行非线性分析的方法是可行的。同时，由表5.2的对比结果可知，实测值均大于计算值。

5.6 栓钉连接件承载能力分析

众所周知，剪力连接件的工作性能及其抗剪承载力与钢-混凝土组合梁的设计密切相关，关于剪力连接件的研究已有不少文献报道[72,75,76,81]，现有剪力连接件的抗剪承载力公式都是建立在推出试验结果基础上的，而试验表明推出试验结果用于组合梁设计偏于保守[80]，即连接件在组合梁中的实际承载力比推出试验所得到的要高，原因是连接件在组合梁中的受力状态比在推出试件中的有利。栓钉等柔性连接件主要靠其根部传递剪力，在推出试件中，连接件根部处于单向受压状态，而在组合梁中，连接件根部受到沿梁轴方向混凝土翼缘弯曲压应力作用，在实际组合楼层结构中，它还受到来自混凝土板且垂直于梁轴方向的弯曲压应力作用，处于双向受压的复杂应力状态，因此，由推出试验得到的连接件承载力公式用于组合梁设计偏于保守。

试验和分析结果表明，在焊缝质量得到保证的前提下，组合梁中的剪力连接件本身不会发生破坏，剪力连接件在组合梁中的实际抗剪承载力比推出试件中的要高，并且随n/n_f的减小而增大。栓钉连接件的实际承载力则是规范公式计算值的1.96倍以上[80]。

参考文献[72]建议的公式是以推出试验结果为基础而建立的，其表达式如下

$$\begin{aligned} V_u &= 1.14(1 - e^{-4170 f_{cu}/N_u})N_u \quad (H/d_s \geqslant 4) \\ V_u &= 2.8 H d_s f_{cu} \quad (H/d_s < 4) \end{aligned} \quad (5.12)$$

式中：V_u——栓钉抗剪承载力；

N_u——栓钉的极限抗拉力（N）；

f_{cu}——混凝土标准立方体强度（MPa）；

H，d_s——栓钉高度和直径。

欧洲钢结构协会（ECCS）1981年制定的《组合结构设计规程》所采用的栓钉抗剪承载力公式为

$$V_u = 0.43 A_s \sqrt{E_c f_{ck}} \leqslant 0.7 A_s f_{us} \quad (5.13)$$

式中：f_{ck}——φ15×30cm的混凝土圆柱体的抗压标准强度；

f_{us}——栓杆的极限抗拉强度。

加拿大《钢结构设计规范》采用的栓钉抗剪承载力公式为

$$V_u = 0.5 A_s \sqrt{E_c f_c'} \leqslant 448 A_s \quad (5.14)$$

式中：f_c'——φ15×30cm的混凝土圆柱体的抗压强度。

如果把式（5.14）右边的条件转化为式（5.13）右边的形式，就可得到

适用于式（5.13）的f_{us}上限值为640MPa，即在f_{us}>640MPa时，式（5.13）的V_u才开始保持为常量，而目前常用国产栓钉的抗拉强度都在640MPa以下，现有试验资料表明的f_{us}最大值为564MPa。

我国现行《钢结构设计规范》（GB 50017—2003）采用的栓钉抗剪承载力公式为

$$V_u = 0.43 A_s \sqrt{E_c f_c} \leq 0.7 A_s f_{us} \tag{5.15}$$

表5.3 计算值与试验值对比

试件 \ V_u/kN	公式(5.12)	公式(5.13)	公式(5.14)	公式(5.15)	试验值/kN
PT1~PT4	77.37	57.98	56.82	48.86	66.13
PT6~PT9	81.58	62.05	63.31	54.45	65.13
PT5、PT10	77.37	57.98	56.82	48.86	70.00

注：f_{cu}、f_{ck}、f_c'由立方强度指标查轻骨料混凝土规范获得。

由表5.3给出了栓钉抗剪承载力各国规范的计算值与试验值对比结果。我国现行规范栓钉抗剪承载力与其他规范相比取值最小，其栓钉抗剪承载力计算公式在普通混凝土组合梁设计中偏于保守[80]，导致设计中连接件布置间距过小。表5.3的对比结果表明，我国现行规范栓钉抗剪承载力计算公式可以直接用于轻骨料混凝土的组合梁设计，规范计算值与推出试验值比较接近，且偏于安全。

5.7 小结

本章根据推出试验的结果分析提出栓钉变形性能分析的力学模型。所选用的力学模型通过有限元程序验证，能够较好地反映栓钉的变形性能。综合分析结果表明本文采用的模型方法对栓钉变形性能进行分析是可行的。同时，基于试验结果和模型分析，并与相关规范的栓钉抗剪承载力计算值进行了比较，可以看出，我国现行规范的栓钉抗剪承载力计算公式可以用于轻骨料混凝土组合梁设计，且偏于安全。

6 钢-轻骨料混凝土组合梁模型试验

6.1 试件的设计与制作

组合梁在静载作用下，采用塑性分析法进行试件设计。钢梁采用Q235B钢，国产宽翼缘H型钢：HW 200×200×8×12。栓钉采用4.6级，直径16mm，高度80mm。轻骨料混凝土翼缘板强度等级为LC30。配制LC30采用525号普通硅酸盐水泥、黏土陶粒、普通砂，质量比例为：$m_{水泥}$：$m_{陶粒}$：$m_{细砂}$：$m_{水}$=407：392：596：200。加入水泥用量1%的高效萘系减水剂，减水率为18%。翼缘板内纵向钢筋采用构造配筋，横向分布钢筋的配筋率为0.6%。

两根试验梁跨度均为3.9m，剪跨长度为1.45m，除纯弯梁段的栓钉布置间距不同外，其余参数均相同，试验梁均采用双排栓钉布置方案。轻骨料混凝土试验梁的截面尺寸及栓钉布置方案如图6.1和图6.2所示。

按照试件设计方案将栓钉焊采用E43型焊条与钢梁上翼缘焊接（栓钉的纵向间距如图6.2所示），然后支模、绑扎钢筋、人工搅拌混凝土、浇筑混凝土。在浇筑时用平板式振捣器振捣，同时浇筑试块。试件养护方法为自然养护。轻骨料混凝土试验梁的加工制作过程如图6.2至图6.6所示。

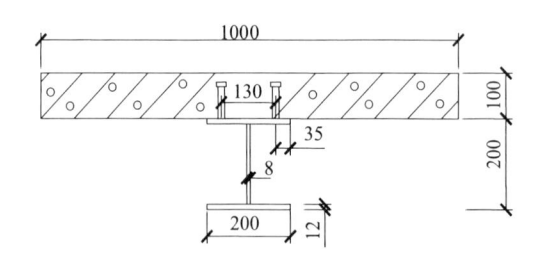

图6.1 轻骨料混凝土组合试验梁截面尺寸

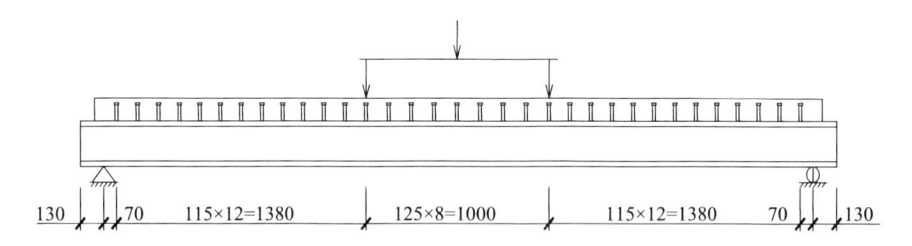

图6.2 栓钉布置方案

图6.3 轻骨料混凝土组合试验梁栓钉布置

图6.4 轻骨料混凝土组合试验梁支模绑筋

图6.5 轻骨料混凝土组合试验梁浇筑及养护

图6.6 轻骨料混凝土组合试验梁拆模

6.2 轻骨料混凝土组合试验梁材料性能

轻骨料混凝土强度由同条件下养护成型的$150\times150\times150\,\mathrm{mm}^3$立方试块试验得到，钢材性能指标由标准试件进行拉伸试验测得。试验梁主要参数及材料力学性能详见表6.1和表6.2，其中l表示梁的跨度，a表示剪跨长度，b_c表示轻骨料混凝土翼缘板的宽度，h_c表示轻骨料混凝土翼缘板的厚度，f_y表示钢梁的屈服强度，f_{cu}表示轻骨料混凝土标准立方体的抗压强度。

轻骨料混凝土的弹性模量可由式（3.1）求得，试验梁的轻骨料混凝土干表观密度，经试验测得$\rho=1900\,\mathrm{kg/m^3}$，$f_{cu,k}$为轻骨料混凝土抗压强度标准值，可分别求得两个时间的弹性模量为$E_{lc}=2.22\times10^4\,\mathrm{MPa}$和$2.22\times10^4\,\mathrm{MPa}$。

表6.1 试件主要试验参数

试件	栓钉	栓钉间距/mm	横向钢筋纵向钢筋直径/mm	剪跨	纯弯段	l/mm	a/mm	b_c/mm	h_c/mm
ZHL-1	φ16	115	125	φ6@80	5φ8	3900	1450	1000	100
ZHL-2	φ16	115	200	φ6@80	5φ8	3900	1450	1000	100

表6.2 试件材料力学性能

试件	f_{cu}/MPa	f_{ck}/MPa	f_u/MPa	f_y/MPa	f_u^b/MPa	f_y^b/MPa	E_{lc}/(10^4MPa)	E_s/(10^5MPa)
ZHL-1	33.2	22.2	443.0	331.7	440.9	353.6	2.21	2.06
ZHL-2	33.5	22.4	443.0	331.7	440.9	353.6	2.22	2.06

6.3 轻骨料混凝土组合梁试验测试

6.3.1 试验加载方案

试验采用50t液压千斤顶及传感器，对试件进行加载。采用两点集中荷载对称加载的试验方法，加载方式采用荷载-位移控制法，即首先控制荷载增量，然后控制位移增量，在轻骨料混凝土组合梁出现较大的非弹性变形时，实现两种控制的转换，试验测试的主要内容有挠度、轻骨料混凝土翼缘板及钢梁的应变、钢与混凝土之间的界面滑移等。轻骨料混凝土组合梁的试验加载方案如图6.7所示。试验梁测试准备如图6.8所示。应变测量数据采用DHB3816（USB）静态应变测量系统（见图6.9）进行数据采集，试验加载控制系统（见图6.10）采用液压控制系统。

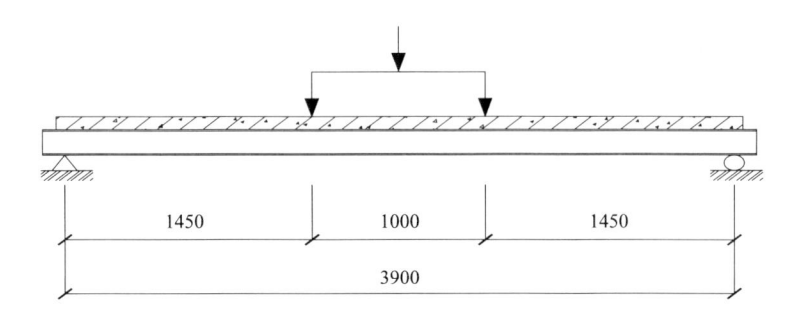

图6.7 加载方案

图6.8 试验梁测试准备

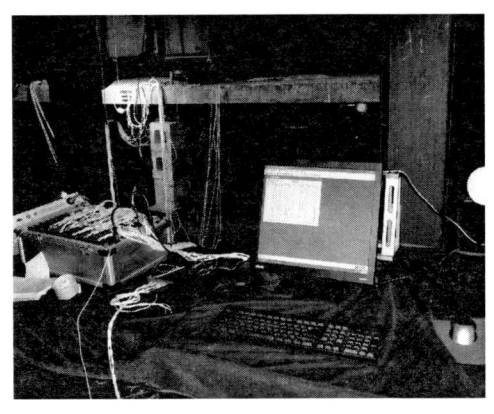

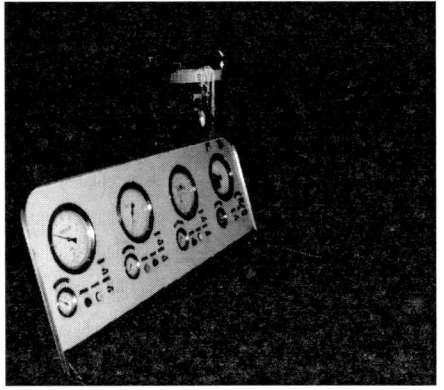

图6.9 数据采集系统　　　　　　图6.10 液压控制系统

6.3.2 试件测点布置

在试件的跨中和两端支座处各布置一块机电百分表以测定试件的变形情况如图6.11所示。

为分析截面应变分布情况，在跨中部位，沿轻骨料混凝土翼缘板的厚度方向布置3个应变片（应变片编号为1、2、3）；沿轻骨料混凝土翼缘板的宽度方向在板上布置7个应变片（应变片编号为4、5、6、7、8、9、10）；在钢梁腹板上布置3个应变片（应变片编号为11、12、13）；在钢梁下翼缘下表面布置3个应变片（应变片编号为14、15、16）；在轻骨料混凝土翼缘板的下表面、钢梁的的两侧对称布置4个应变片（应变片编号为17、18、19、20）；在钢梁上翼缘下表面、腹板两侧对称布置4个应变片（应变片编号为21、22、23、24）；在加载点处轻骨料混凝土翼缘板下表面、腹板侧对称布置8个应变片（应变片编号为25、26、27、28、29、30、31、32），具体位置如图6.11所示。

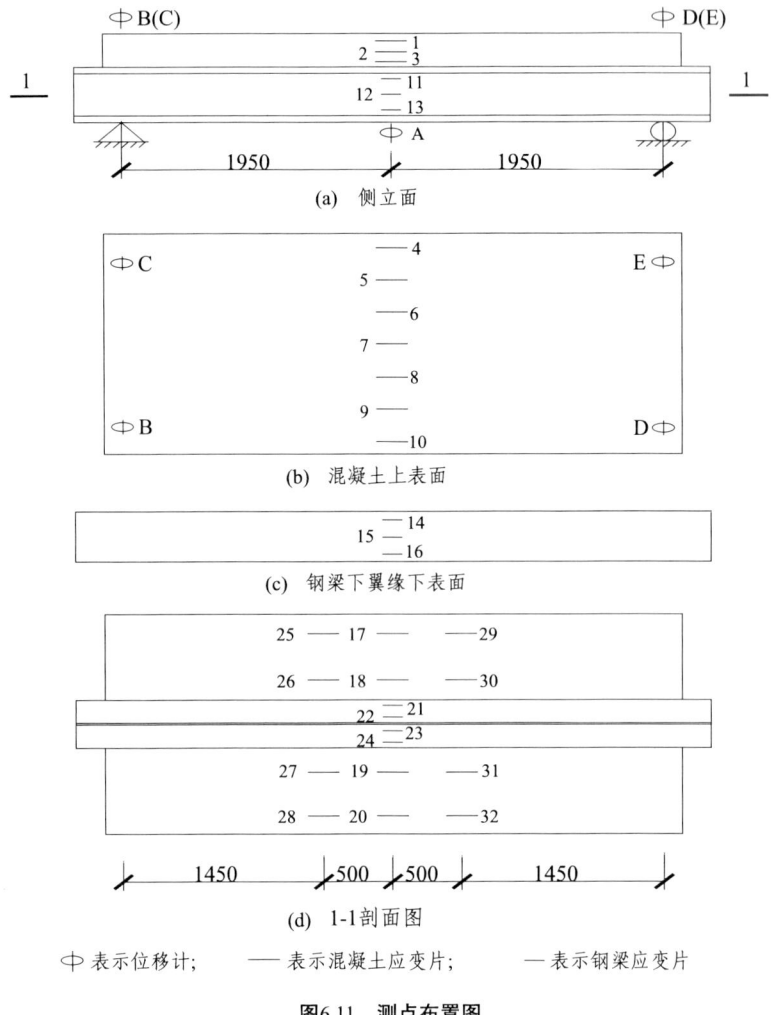

图6.11 测点布置图

6.4 小结

本章介绍了轻骨料混凝土组合梁模型试验的设计、加工及制作的过程，实测了材料性能指标。同时，给出了测试点的布置方案、仪器仪表的布置方案及试验测试方案。

7 钢-轻骨料混凝土组合梁试验结果分析

7.1 试件破坏形式

从试验结果看，试验梁从荷载开始作用至被破坏要经过以下几个阶段。

在荷载作用初期，轻骨料混凝土组合梁处于弹性工作阶段，钢梁与轻骨料混凝土板共同工作，轻骨料混凝土翼缘板上下表面无裂缝出现。当荷载达到极限荷载的50%～60%时，轻骨料混凝土翼缘板下表面应变已接近抗拉极限值，但尚未开裂。

随着荷载的增加，轻骨料混凝土组合梁变形的增长速度大于荷载的增长速度，荷载-位移曲线开始偏离原来的直线，当荷载超过极限荷载的60%～70%时，在组合梁的纯弯段部分轻骨料混凝土翼缘板下表面出现了微小的横向裂缝，轻骨料混凝土组合梁进入弹塑性工作阶段。当荷载继续增加，纯弯段部分轻骨料混凝土板下表面横向裂缝逐渐增多，裂缝宽度逐渐加宽，如图7.1所示。

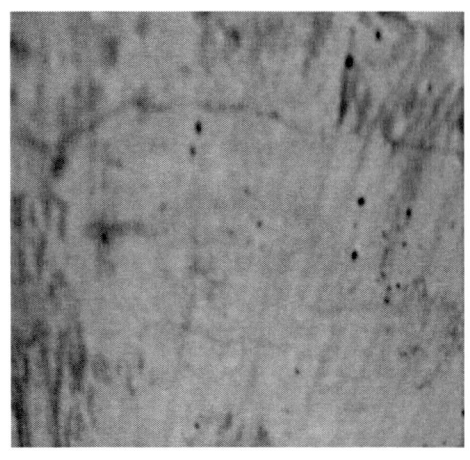

图7.1 轻骨料混凝土翼缘板下表面裂缝分布

在接近极限荷载时，轻骨料混凝土组合梁已全面进入塑性阶段。轻骨料混凝土组合梁的变形大幅度增长，如图7.2所示。钢梁大部分截面已进入塑性变形阶段，轻骨料混凝土翼缘板受压区边缘应变达到极限压应变，随即轻骨料混凝土翼缘板被压碎。轻骨料混凝土翼缘板受压破坏情况如图7.3所示。

图7.2 组合梁变形　　　　　图7.3 轻骨料混凝土板受压破坏

7.2 荷载-位移曲线

图7.4所示为轻骨料混凝土组合梁实测荷载-位移曲线。当荷载小于极限荷载的60%时，荷载-位移曲线为直线，在达到屈服荷载之前，位移随荷载呈线性增长，轻骨料混凝土组合梁处于弹性工作阶段；当荷载超过极限荷载的60%时，在H型钢梁下表面开始屈服后，荷载-位移曲线偏离原来的直线，位移呈现非线性增长，位移增加的速度逐渐加快，轻骨料混凝土组合梁进入弹塑性阶段；随着荷载的增加，曲线越来越平缓，轻骨料混凝土组合梁进入塑性阶段，随后轻骨料混凝土被压碎，试件破坏。

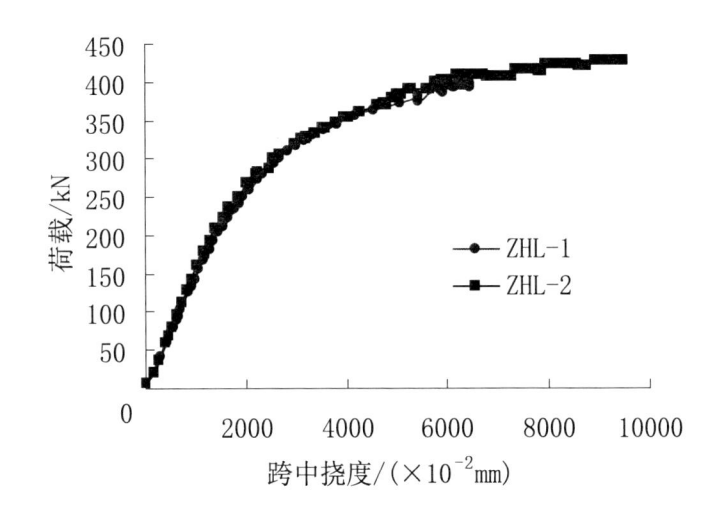

图7.4 试验梁荷载-位移曲线

7.3 轻骨料混凝土荷载-应变曲线

轻骨料混凝土跨中截面荷载-应变曲线如图7.5和图7.6所示，在荷载作用初期，轻骨料混凝土的应变基本上呈线性增长，随着荷载的增大，应变增长加快，荷载-应变曲线呈非线性变化，当受压区混凝土边缘应变达到轻骨料混凝土非均匀受压的极限压应变值时，轻骨料混凝土被压碎，试验梁破坏。由图7.5可以看出，3号应变片的实测结果出现拉应力，这是由于ZHL-1试验梁在试验过程中，跨中部位出现了侧向扭转（扭转较小，基本没有影响组合梁的承载力），且应变片只布置在一侧混凝土板厚位置，导致上述实测结果。ZHL-2试验梁（如图7.6所示）的实测数据比较完好，轻骨料混凝土板基本上处于受压状态。

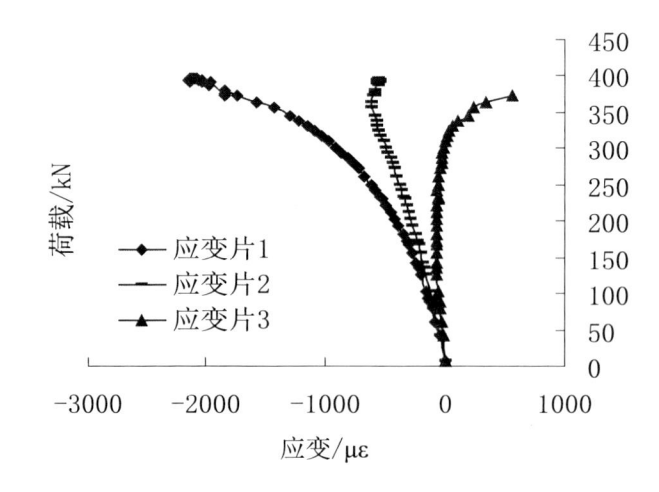

图7.5 ZHL-1轻骨料混凝土翼缘板跨中截面荷载-应变曲线

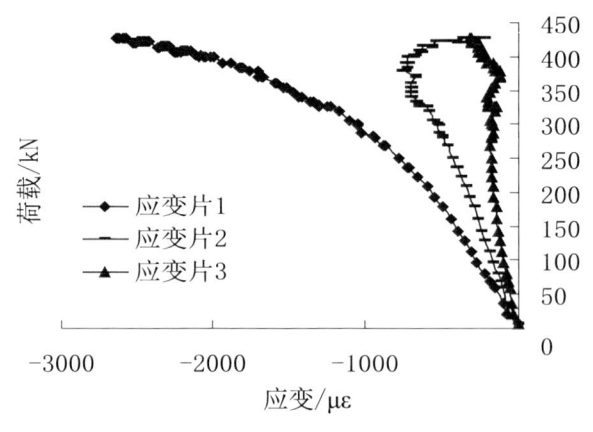

图7.6 ZHL-2轻骨料混凝土跨中截面荷载-应变曲线

7.4 钢梁荷载-应变曲线

H型钢梁跨中截面荷载-应变曲线如图7.7和图7.8所示。在受荷初期，H型钢梁的应变基本呈线性增长，钢梁处在弹性状态。随着荷载的增加，钢梁的下翼缘开始屈服，接着屈服范围逐渐增大。在达到极限荷载时，钢梁基本上全截面达到屈服。从两个试验梁的数据可看出，钢梁自始至终都处于受拉状态。

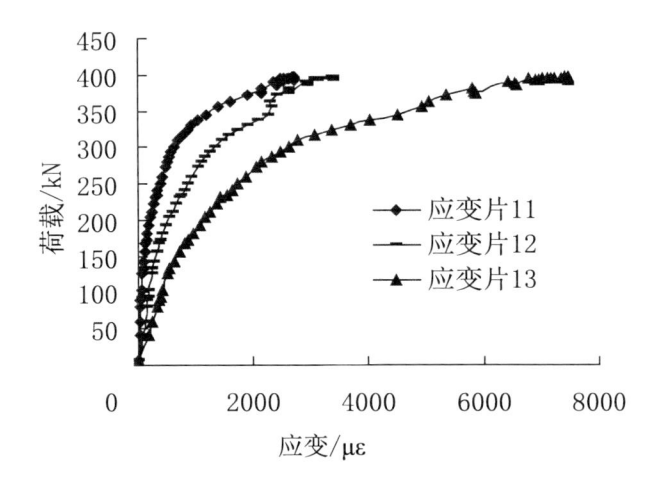

图7.7 ZHL-1钢梁跨中截面荷载-应变曲线

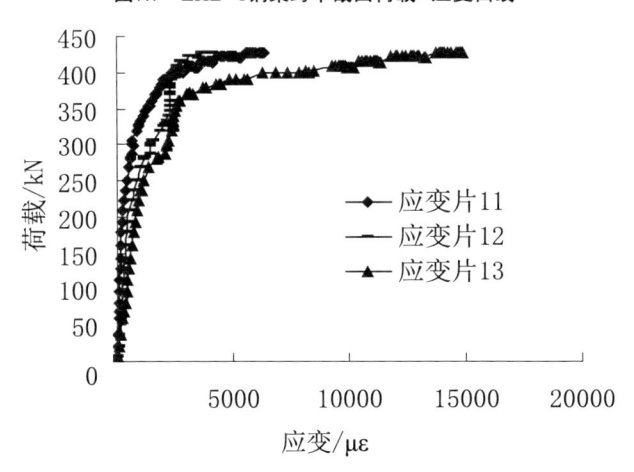

图7.8 ZHL-2钢梁跨中截面荷载-应变曲线

7.5 钢梁和轻骨料混凝土板跨中截面的应变分布

通过实测得到轻骨料混凝土组合梁截面应变沿其高度的分布情况，如图7.9和图7.10所示，其左上部分为轻骨料混凝土的应变，右下部分为H型钢梁的应变。由ZHL-1的试验数据可知，在荷载作用初期，应变沿组合梁梁高明显呈线性分布，即基本上呈一条直线。随着荷载的继续增加，截面应变沿组合梁高度发生微曲现象，但在某一区段内平均应变沿组合梁的高度基本上呈线性分布。近似满足平截面假定。ZHL-2的实测数据，由于实测时温度较低，钢梁的腹板中部的12号应变片未能与钢梁较好地黏贴在一起，导致该应变测量数据不准，故曲线出现较大转折。

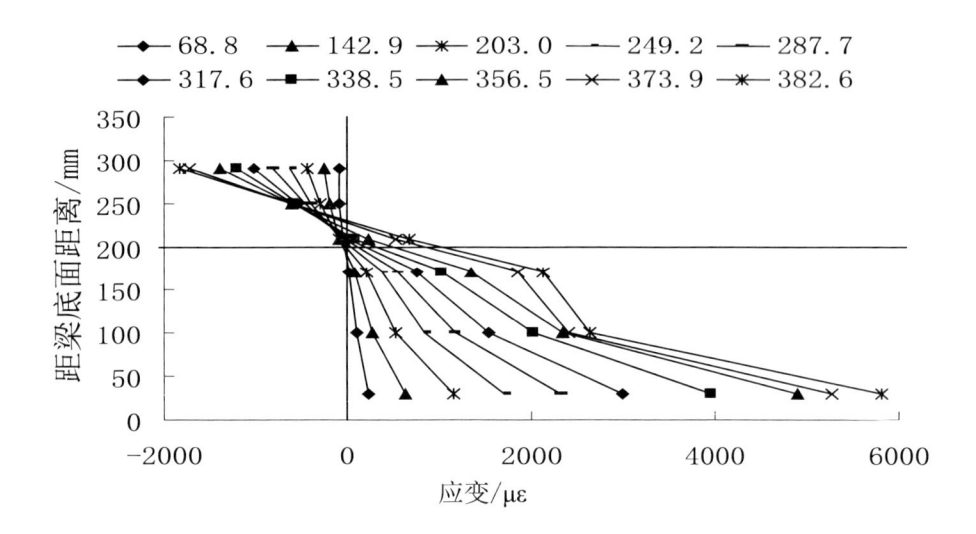

图7.9 ZHL-1跨中截面应变分布

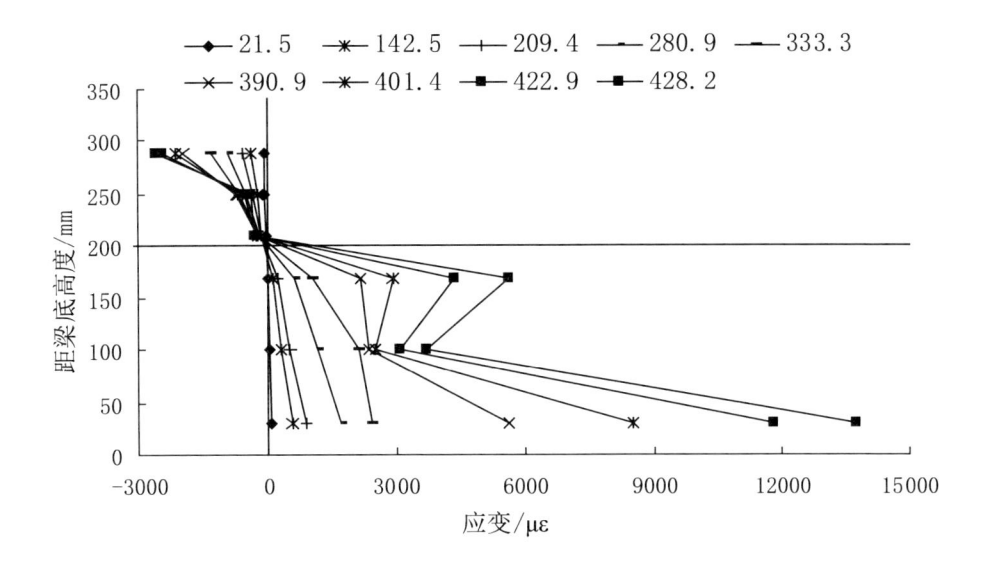

图7.10 ZHL-2跨中截面应变分布

7.6 轻骨料混凝土板跨中宽度方向应变分布

图7.11所示为轻骨料混凝土板上表面跨中截面宽度方向应变分布图。由图7.11截面宽度方向应变分布情况可知，在荷载作用初期，轻骨料混凝土翼缘板上表面应变分布比较均匀。但随着荷载的增大，应变分布越来越不均匀，沿轻骨料混凝土翼缘板宽度方向呈曲线形状分布，这是由于轻骨料混凝土翼缘板的剪切变形使翼缘板远离H型钢梁处的纵向位移滞后于钢梁处的纵向位移，组合梁出现剪力滞后现象。即纵向对称轴处的应变最大，离该轴越远，压应变越小。

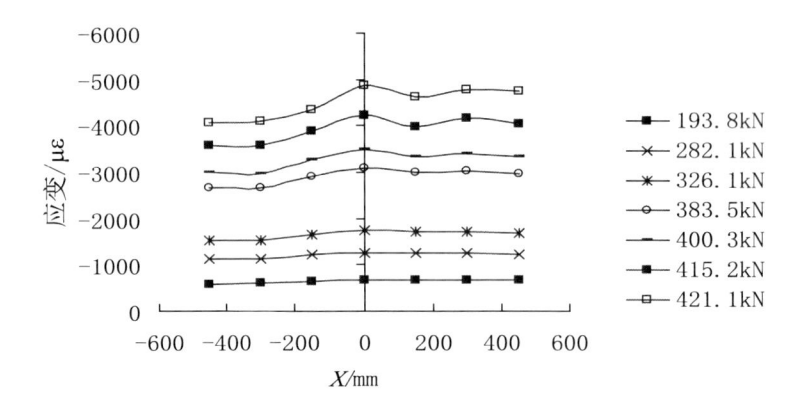

图7.11 跨中截面混凝土板顶面应变分布

7.7 轻骨料混凝土组合梁滑移曲线

由图7.12、图7.13和图7.14可知,加载初期各测点的滑移量都较小。随着荷载不断增加相对滑移开始增加,当荷载达到$0.95P_u$时,滑移剧增。在组合梁跨中处,各荷载阶段的滑移量均很小。组合梁上各点滑移值基本以简支梁跨中对称。滑移的最大值并没有出现在梁端,而是出现在距支座$l/4 \sim 1/3$处[81,82]。

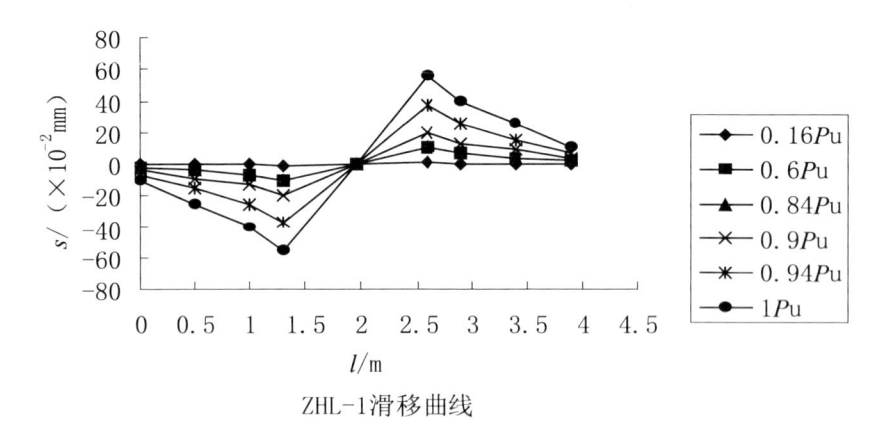

ZHL-1滑移曲线

图7.12 ZHL-1组合梁不同荷载阶段滑移分布曲线

ZHL-2滑移曲线

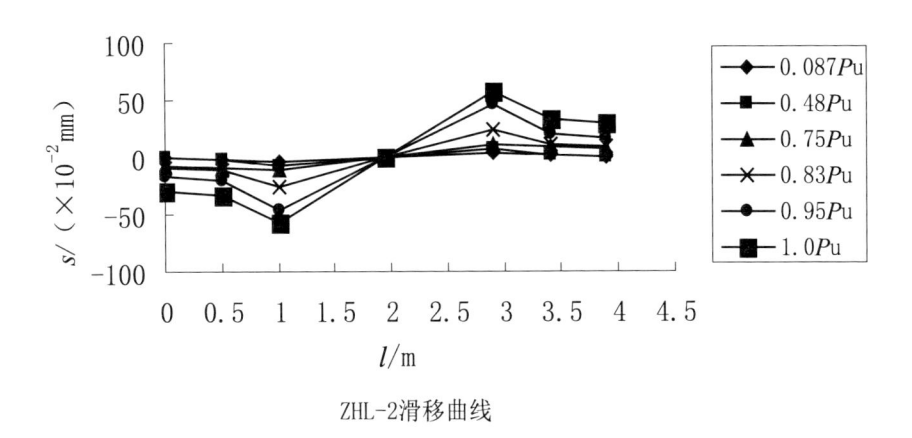

图7.13 ZHL-2组合梁不同荷载阶段滑移分布曲线

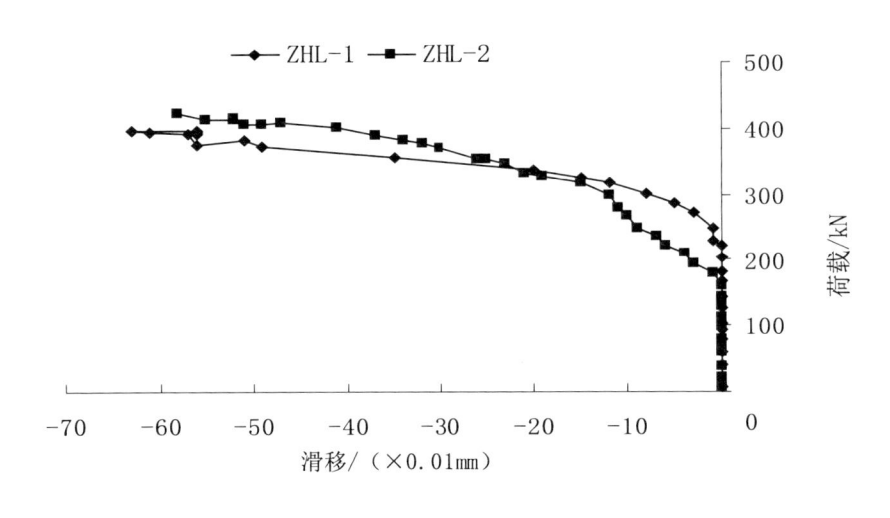

图7.14 组合梁荷载-滑移曲线

7.8 轻骨料混凝土组合梁挠度分布曲线

图7.15和图7.16所示为简支轻骨料混凝土组合梁挠度分布曲线。图中给出了ZHL-1和ZHL-2两根组合梁在不同受力阶段的挠度沿梁全跨的分布情况（l为组合梁的跨度），从图中可以看出，简支轻骨料混凝土组合梁的挠

曲变形基本以组合梁跨中点对称分布。

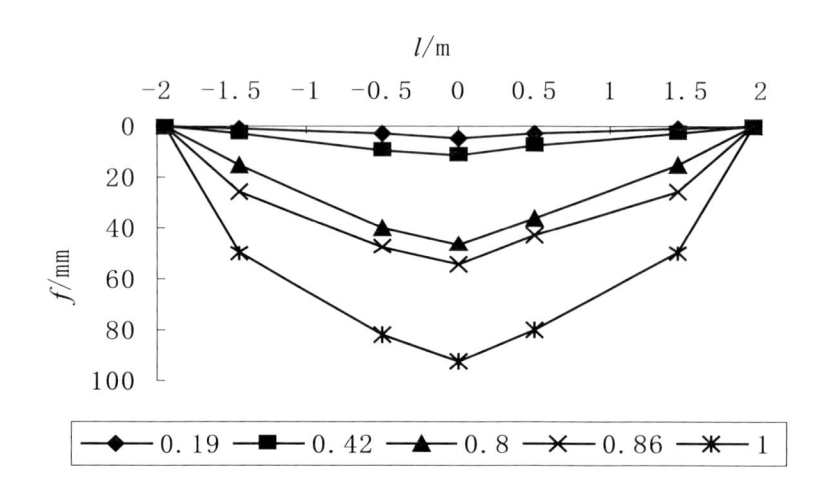

图7.15 ZHL-1不同荷载阶段挠度分布曲线

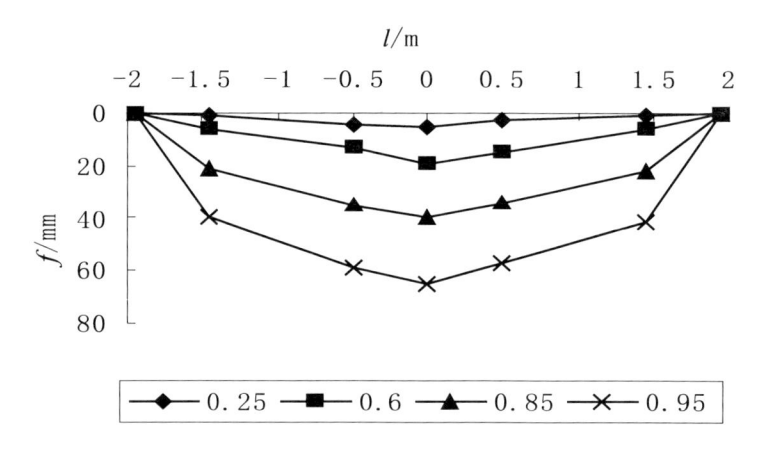

图7.16 ZHL-2不同荷载阶段挠度分布曲线

7.9 轻骨料混凝土组合梁与普通混凝土组合梁延性对比分析

通过表7.1可知，普通混凝土组合梁的 β_Δ 在3.6~7.3，但只有少数的几根梁高于轻骨料混凝土的延性比，说明轻骨料混凝土组合梁具有更好的延性。

钢-轻骨料混凝土组合梁与钢-普通混凝土组合梁的延性比对比结果可以看出,钢-轻骨料混凝土组合梁具有较好的工作性能。在对称集中荷载作用下,试验梁表现出了良好的变形性能。表明轻骨料混凝土组合梁具有极好的耗能能力,该结构具有优良的抗震性能[6]。

表7.1 极限挠度和挠度延性比

文献	试件	Δ_u极限挠度/mm	Δ_y屈服挠度/mm	β_Δ延性比
本书	ZHL-1	65	12.1	5.4
	ZHL-2	92	15	6.13
文献[83]	SCB-1	58.2	12.6	4.6
	SCB-1	78.5	10.4	7.3
	SCB-19	63.9	16.3	3.9
	SCB-20	87.1	17.4	5.0
	SCB-21	100.1	17.0	5.9
	SCB-22	93.5	18.7	5.0
	SCB-23	84.9	18.1	4.7
	SCB-24	78.4	17.8	4.1
	SCB-25	71.4	16.9	3.6
	SCB-26	61.4	6.9	3.6

7.10 小结

本章依据试验结果分析了轻骨料混凝土组合梁的荷载与变形之间的关系,给出了荷载-滑移曲线、荷载-应变曲线、荷载-位移曲线等。同时,分析了跨中截面的应变分布情况,进行了轻骨料混凝土组合梁与普通混凝土组合梁的延性对比,并得出如下结论。

(1)在组合梁跨中处,各荷载阶段的滑移量均很小。组合梁上各点滑移值基本以简支梁跨中对称。滑移的最大值并没有出现在梁端,而是出现在距支座l/4~1/3处。

（2）轻骨料混凝土翼缘板横向配筋在满足配筋率$\rho \geqslant 0.6\%$，并且采用双层等量配置时，混凝土翼缘板没有发现纵向裂缝。

（3）钢-轻骨料混凝土组合梁具有较好的工作性能。在对称集中荷载作用下，试验梁表现出了良好的变形性能。在出现较明显变形之后，仍具有较大的承载能力，且破坏前具有明显的预兆。

（4）钢-轻骨料混凝土组合梁与钢-普通混凝土组合梁的延性比对比结果可以看出，轻骨料混凝土组合梁具有极好的耗能能力，表明该结构具有优良的抗震性能。

由于钢-轻骨料混凝土组合梁具有节约钢材、截面受力合理、可减小截面高度、构件整体稳定性好、延性好、经济性好等优点，采用钢-轻骨料混凝土组合梁，可以减轻结构自重，减小结构断面尺寸，提高结构跨度或增加层高，同时还可以降低基础处理费用，可获得较好的经济效益和社会效益。此外，使用轻骨料代替天然骨料配制混凝土，可以减少对天然骨料资源的消耗和保护环境。钢-轻骨料混凝土组合结构更适应建筑物向高度更高，跨度更大的方向发展。因此，钢-轻骨料混凝土组合结构是一种理想的结构体系，具有很好的发展前景。

8 钢-轻骨料混凝土组合梁抗弯承载力分析

8.1 组合梁材料本构关系

8.1.1 轻骨料混凝土的本构关系

普通混凝土的本构关系曲线现行《混凝土结构设计规范》(GB 50010—2002)采用了过镇海的建议公式[84],其公式为

$$y = \alpha_a x + (3-2\alpha_a)x^2 + (\alpha_a -2)x^3, \quad (x \leq 1)$$
$$y = \frac{x}{\alpha_d(x-1)^2 + x}, \quad (x > 1) \tag{8.1}$$

其中:$y = \sigma/f_0$,$x = \varepsilon/\varepsilon_0$;

ε_0 —— 峰值应力为 f_0 时对应的峰值应变。

文献[85]给出的轻骨料混凝土本构关系曲线按强度等级分两种情况。对于LC10~LC45级的轻骨料混凝土其公式同式(8.1);对于LC50级以上的轻骨料混凝土上升段曲线同式(8.1),下降段曲线采用分段形式。

该文献给出如下结论:对于LC10~LC45级的结构轻骨料混凝土的应力-应变全曲线方程可采用与《混凝土结构设计规范》(GB 50010—2002)中普通混凝土全曲线相同的形式,但其中系数不同。而LC50级以上的轻骨料混凝土的应力-应变全曲线方程要采用分段曲线的形式,其中上升段仍可采用现行《混凝土结构设计规范》(GB 50010—2002)中的曲线形式。结构轻骨料混凝土应力-应变全曲线的峰值应力与峰值应变有良好的线性关系。轻骨料混凝土应力-应变全曲线的峰值应力与峰值应变关系可表示为 $y = 1788 + 17.58x$(普通混凝土为:$y = 1187 + 14.6x$),峰值应变范围为

$(2.01 \sim 2.93) \times 10^3 \mu\varepsilon$。在同等峰值应力情况下，结构轻骨料混凝土的峰值应变比普通混凝土的约大600$\mu\varepsilon$。

《轻骨料混凝土结构技术规程》（JGJ 12—2006）给出的轻骨料混凝土应力与应变关系曲线为

当 $\varepsilon_c \leqslant \varepsilon_0$ 时

$$\sigma_c = f_c [1.5(\frac{\varepsilon_c}{\varepsilon_0}) - 0.5(\frac{\varepsilon_c}{\varepsilon_0})^2] \tag{8.2}$$

当 $\varepsilon_0 < \varepsilon_c \leqslant \varepsilon_{cu}$ 时

$$\sigma_c = f_c \tag{8.3}$$

式中：σ_c——轻骨料混凝土压应变为ε_c时的混凝土压应力；

f_c——轻骨料混凝土轴心抗压强度设计值；

ε_c——轻骨料混凝土压应力刚达到f_c时的混凝土压应变；

ε_{cu}——正截面的轻骨料混凝土极限压应变：当处于非均匀受压时，取为0.0033；当处于轴心受压时，取为ε_0。

对于轻骨料混凝土而言，随着轻骨料混凝土强度的提高，轻骨料混凝土受压时应力-应变关系曲线将逐渐变化，同时由于轻骨料及粗骨料品种的不同，轻骨料混凝土受压时的应力-应变关系曲线将有所不同。对于采用陶粒作为骨料的轻骨料混凝土其应力-应变关系曲线建议采用文献[85]给出的关系曲线。

8.1.2 钢材的应力-应变关系

钢材应力-应变关系曲线可采用理想弹塑性材料关系曲线。

$$\begin{aligned} \sigma_s &= E_s \varepsilon_s, & (\varepsilon_s \leqslant \varepsilon_y) \\ \sigma_s &= f_y, & (\varepsilon_s > \varepsilon_y) \end{aligned} \tag{8.4}$$

钢材应力-应变关系也可采用双折线本构关系，即考虑钢材进入应变硬化阶段后，在应变增加的同时，应力还将继续增加。

8 钢-轻骨料混凝土组合梁抗弯承载力分析

$$\sigma_s = E_s\varepsilon_s, \quad (\varepsilon_s \leqslant \varepsilon_y)$$
$$\sigma_s = f_y, \quad (\varepsilon_{st} \geqslant \varepsilon_s > \varepsilon_y) \quad (8.5)$$
$$\sigma_s = E_{st}\varepsilon_s, \quad (\varepsilon_s > \varepsilon_{st})$$

8.2 滑移效应对组合梁承载力的影响分析

如果钢梁与混凝土翼缘板之间没有滑移效应时，截面应力按整体梁计算。但对于钢-混凝土组合梁界面存在滑移效应，无论是完全抗剪连接组合梁还是部分抗剪连接组合梁，其界面上均有不同程度的滑移产生。滑移效应对组合梁强度和刚度的影响及其计算方法一直是很多学者研究的重点内容之一[63,70,98]。

8.2.1 滑移效应对组合梁弹性抗弯强度的影响

文献[81]通过截面内力分析和利用附加变形法得到考虑滑移影响的附加弯矩（使截面弯矩减少）ΔM 为

$$\Delta M = \frac{h_s E_s \varepsilon_s}{6h}(hA_w + 2h_c A_{ft}) \quad (8.6)$$

式中：A_w——钢梁上翼缘面积；

A_{ft}——腹板面积。

在弹性极限状态，对应钢梁开始屈服时，考虑滑移效应影响的截面实际抗弯承载力 M_{py} 为

$$M_{py} = M - \Delta M = \zeta M_y \quad (8.7)$$

$$\zeta = 1 - \frac{h_s E_s}{6EI}\xi(hA_w + 2h_c A_{ft}) \quad (8.8)$$

式中：ξ 可按式（9.66）确定。

8.2.2 滑移效应对组合梁极限抗弯强度的影响

在承载力极限状态，考虑滑移效应时混凝土受压区等效矩形应力块高

度系数和应力系数与不考虑滑移效应时相同,按轻骨料混凝土技术规程[26]分别取0.75和1.0,考虑滑移影响的极限抗弯强度的降低量[63]计算公式ΔM_u经修正得

$$\Delta M_u = A_s f_y (1 - \frac{1}{1+\xi_2})(h_c - 0.375\frac{x_u}{1+\xi_2}) - \frac{0.375 A_s f_y \xi_2}{1+\xi_2} \quad (8.9)$$

式中:$\xi_2 = x_u \varepsilon_{su}/(h\varepsilon_u)$;

ε_{su}——极限状态时滑移应变;

ε_u——对应极限荷载的轻骨料混凝土板上表面极限压应变;

x_u——极限状态时不考虑滑移效应的塑性中和轴至轻骨料混凝土板上表面距离。

在承载能力极限状态,即截面形成塑性铰时,考虑滑移效应影响的截面实际抗弯承载力M_{pu}为:

$$M_{pu} = M_u - \Delta M_u \quad (8.10)$$

虽然从式(8.6)中看现行规范中弹性阶段组合梁抗弯承载力将会因为忽略滑移效应的影响而偏于不安全。由文献[81,86~90]的组合梁试验资料可知,钢梁开始屈服时的弹性极限实测弯矩值M_{yt},及由换算截面法得到的对应钢梁开始屈服时的弯矩计算值M_y,M_{yt}/M_y的比值大小可以用来描述弹性极限弯矩的实测结果与采用换算截面法弯矩计算值的吻合程度。采用上述文献的实测结果,计算得到M_{yt}/M_y=0.83~0.96,其平均值为0.91。这一结果表明,由滑移效应引起弹性抗弯承载力的降低范围在4%~17%,平均下降达9%。由于组合梁在正常使用阶段基本处于弹性阶段,因此,对组合梁弹性阶段强度计算采用换算截面法,不考虑滑移效应的影响是偏于不安全。

对于满足塑性设计要求的极限承载力设计而言,本书在文献[63]给出的考虑滑移对组合梁抗弯承载力降低量计算公式基础上进行修正,给出了适用于轻骨料混凝土组合梁的抗弯承载力降低量计算公式(8.9)。有关研

究结果表明，普通钢-混凝土组合梁具有很好的延性，对于完全剪力连接组合梁，在强度极限状态时，钢梁下翼缘甚至部分腹板已进入强化阶段，而且强化效应对极限抗弯强度的提高可以弥补因滑移效应引起的极限抗弯强度的降低，使得采用简化塑性理论计算值与实测极限抗弯强度吻合较好。如果考虑强化效应的有利影响，滑移效应对极限抗弯强度的影响可以忽略不计。该结论对于轻骨料混凝土组合梁是否适用？详见8.3节中的计算分析。

8.3 轻骨料混凝土组合梁弹性抗弯承载力分析

由8.2节可知，由于组合梁界面滑移效应的影响导致组合梁的弹性极限抗弯承载力降低，其降低幅度已达到工程设计不可接受的程度。因此，采用弹性设计的组合梁必须考虑滑移效应的影响。

对于轻骨料混凝土组合梁在达到弹性极限状态时，其抗弯极限承载力可按下述方法计算。

8.3.1 轻骨料混凝土组合梁弹性抗弯承载力计算

图8.1所示的轻骨料混凝土组合梁截面，将试验梁截面换算成钢材截面后，其截面参数如图所示，计算结果如下。

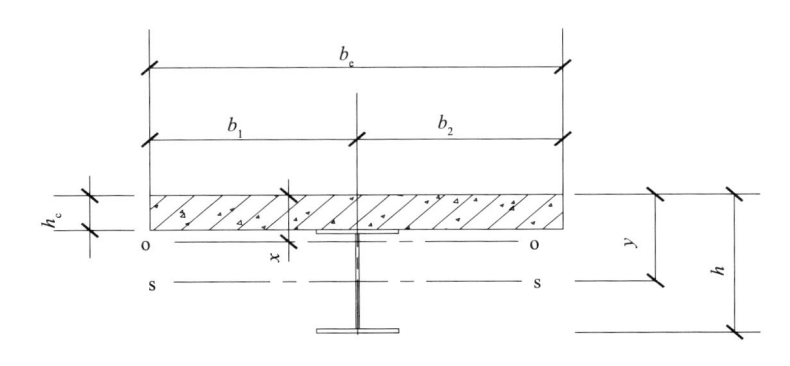

图8.1 轻骨料混凝土组合梁换算截面尺寸

按现行《钢结构设计规范》（GB 50017—2003）确定轻骨料混凝土组合梁翼缘有效宽度b_e为：$b_e=b_0+b_1+b_2=1000mm$。计算结果表明，组合梁中和轴均位于钢梁上翼缘内。

ZHL-1计算结果：$\alpha_{E1}=9.32$，$x_1=105mm$，$A_{sc1}=16938mm^2$，$I_{sc1}=1.4347\times10^8 mm^4$，$W_{sc1}^b=7.357\times10^5 mm^3$，$M_{ly1}=244.0kN\cdot m$；

ZHL-2计算结果：$\alpha_{E2}=9.28$，$x_2=105mm$，$A_{sc2}=16988mm^2$，$I_{sc2}=1.4366\times10^8 mm^4$，$W_{sc2}^b=7.367\times10^5 mm^3$，$M_{ly2}=244.4kN\cdot m$。

8.3.2 考虑滑移效应时的抗弯承载力计算

考虑滑移效应影响的弹性抗弯承载力按式（8.7）计算，其结果如下。

ZHL-1计算结果：$\eta_1=1.1197$，$\alpha_1=0.001356$，$\xi_1=0.3394$，$\zeta_1=0.929$，$M_{py1}=226.7kN\cdot m$；

ZHL-2计算结果：$\eta_2=1.1839$，$\alpha_2=0.001319$，$\xi_2=0.3530$，$\zeta_2=0.926$，$M_{py2}=226.3kN\cdot m$。

将上述计算结果列于表8.1，并与实测弹性抗弯承载力进行对比。

表8.1　组合梁弹性极限承载力试验值与计算值的对比

试件编号	M_{ly} /（kN·m）	M_{py} /（kN·m）	M_{ty} /（kN·m）	M_{ty}/M_{ly}	M_{ty}/M_{py}
ZHL-1	244.0	226.7	153.2	0.63	0.67
ZHL-2	244.4	226.3	195.0	0.80	0.86

由于试验梁ZHL-1在试验测试过程中，跨中部位出现了侧向扭转（扭转较小），对组合梁的弹性抗弯承载力产生了一定的影响，而未达到其最终的承载力，导致试验梁ZHL-1实测结果偏小。

表8.1为弹性极限承载力试验值与换算截面法计算值和虑滑移效应影响的承载力计算值的对比结果。M_{ty}表示对应钢梁下翼缘屈服时的实测弯矩，M_{ly}表示采用换算截面法计算出的弹性极限弯矩，M_{py}表示考虑滑移效应影响

的计算弹性极限弯矩。从表8.1可以看出，钢-轻骨料混凝土简支组合梁弹性极限承载力的实测值比采用换算截面法的计算值小20%左右，即采用换算截面法计算的弹性极限承载力是不安全的。这一结论与普通混凝土组合梁是相同的。

表8.1的对比结果表明，考虑滑移效应影响的计算弹性抗弯强度虽比按换算截面法得到的计算值低，但还是高出试验值15%左右，故采用此法计算钢-轻骨料混凝土组合梁的弹性极限承载力也是不安全的。由于式（8.7）是以普通混凝土组合梁为依据推导出来的，从上述对比结果看，该式还不能直接应用于轻骨料混凝土组合梁的计算，对该公式还要作修正方可用于轻骨料混凝土组合梁的设计计算，尚有待于作进一步研究。

8.4 轻骨料混凝土组合梁塑性抗弯承载力分析

钢-轻骨料混凝土组合梁按简单塑性理论（规范方法）计算时，是以组合梁截面形成塑性铰为极限状态。在塑性极限状态下，不考虑位于塑性中和轴受拉一侧的轻骨料混凝土作用，并认为翼缘板的受压区为均匀受压，并达到轻骨料混凝土极限抗压强度，在钢梁的受拉区和受压区为均匀受拉和受压，并分别达到钢材的抗压强度和抗拉强度。

8.4.1 轻骨料混凝土组合梁塑性抗弯承载力计算

按现行《钢结构设计规范》（GB 50017—2003）确定轻骨料混凝土组合梁翼缘有效宽度仍为b_e=1000mm。计算表明，ZHL-1、ZHL-2轻骨料混凝土组合梁塑性中和轴均位于混凝土翼缘板内。取轻骨料混凝土抗压强度标准值为f_{ck1}=22.2kN/mm^2，f_{ck2}=22.4kN/mm^2。取钢材抗拉强度为钢材的屈服强度f_y=331.7kN/mm^2。按规范方法求得塑性极限弯矩计算值为：M_{u1}=316.3kN·m，M_{u2}=317.2kN·m。

8.4.2 考虑滑移效应时的塑性抗弯承载力计算

考虑滑移效应影响的塑性抗弯承载力按式（8.10）计算，其结果如下。

ZHL-1计算结果：ξ_1=0.3394，x_{u1}=92.75mm，ε_{u1}=0.003420，ε_{su1}=0.001977，ξ_{21}=0.1787，M_{pu1}=294.4kN·m；

ZHL-2计算结果：ξ_2=0.3530，x_{u2}=91.93，ε_{u2}=0.003425，ε_{su2}=0.002056，ξ_{22}=0.1840，M_{pu1}=294.4kN·m。

将上述计算结果列于表8.2，并与实测极限抗弯承载力进行对比。

表8.2 组合梁塑性极限承载力试验值与计算值的对比

试件编号	M_u /(kN·m)	M_{pu} /(kN·m)	M_{tu} /(kN·m)	M_{tu}/M_u	M_{tu}/M_{pu}	M_{pu}/M_u
ZHL-1	316.3	294.4	287.3	0.91	0.98	0.93
ZHL-2	317.2	294.6	310.7	0.98	1.05	0.93

表8.2列出了钢-轻骨料混凝土简支组合梁塑性极限承载力的试验值与理论值的对比结果。

ZHL-1由于加载设备架设的偏差，而未达到其最终的承载力，故在对比数值上不能作为最终的评价结果。

从ZHL-2的对比结果看出，试验值虽然低于用简化塑性理论计算值，但是其差值很小，仅为2.0%。所以用简化塑性理论计算钢-轻骨料混凝土简支组合梁的塑性极限承载力仍然偏于不安全。由表8.2比较可以看出，考虑滑移后，ZHL-2的极限弯矩实测值比组合梁极限弯矩计算值大5%，ZHL-1计算值小于实测值的原因是该试件未达到最终极限荷载。结果表明按式（8.10）计算钢-轻骨料混凝土简支组合梁的极限承载力是安全的。对于考虑滑移与不考虑滑移得到的极限抗弯强度计算值相差6%，说明钢-轻骨料混凝土简支组合梁界面滑移效应对其极限抗弯强度的影响尚不能忽略不计，这一点与普通钢-混凝土组合梁是不同的。但采用式（8.10）计算考虑滑移效应影响的钢-轻骨料混凝土简支组合梁的极限承载力还比较复杂，不便于工程应用。表8.2中最后一栏M_{pu}/M_u比值可以认为是简单塑性理论计算极限抗弯强度的折减系数，该折减系数为0.93。因此，在采用现行规范计算公式进行钢-轻骨料混凝土简支组合梁设计计算时，应考虑滑移效应的影响，建议计算极限抗弯强度应乘折减系数0.93。至于如何得到更简化的承载力计算公式还有待进一步研究。

8.5 有效宽度对极限抗弯承载力的影响

8.5.1 有效翼缘宽度对弹性极限承载力的影响

组合梁的承载力受钢梁强度、钢截面面积、翼板混凝土截面面积、混凝土强度、剪力连接程度、连接件剪切滑移等因素的影响，承受负弯矩组合梁的承载力还与翼板有效宽度范围内纵向钢筋截面的面积等有关系。混凝土翼板有效宽度取值直接影响组合梁整个计算截面的大小。现将组合梁试件考虑有效宽度不同取值时的弹性极限承载力对比如下。

表8.3 有效宽度变化时组合梁跨中的弹性极限承载力对比

有效宽度取值/mm	1600	1400	1200	1000	800	600
极限承载力 M_u/（kN·m）	257.4	253.4	249.0	244.3	238.3	230.7

由表8.3及图8.2可得，有效宽度取值从600mm增加到800mm时，极限承载力增加了3.29%；有效宽度取值从800mm增加到1000mm时，极限承载力增加了2.52%；有效宽度取值从1000mm增加到1200mm时，极限承载力增加了1.92%；有效宽度取值从1200mm增加到1400mm时，极限承载力增加了1.77%；有效宽度取值从1400mm增加到1600mm时，极限承载力增加了1.58%。从这些数据可以看出，虽然有效翼缘宽度的不同取值，会对弹性极限承载力有影响，且这种影响随着有效宽度取值的增大而越来越小，可认为有效翼缘宽度的取值对钢-轻骨料混凝土简支组合梁弹性极限承载力的影

响较小。

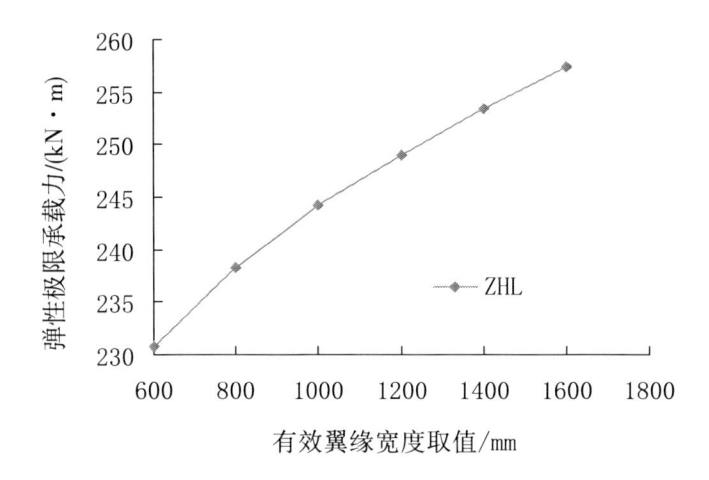

图8.2 弹性承载力随有效宽度取值变化图

8.5.2 有效翼缘宽度对塑性极限承载力的影响

组合梁的承载力受钢梁强度、钢截面面积、翼缘板混凝土截面面积、混凝土强度、剪力连接程度、连接件剪切滑移等因素的影响，承受负弯矩组合梁的承载力还与翼板有效宽度范围内纵向钢筋截面的面积等有关系。混凝土翼板有效宽度取值直接影响组合梁整个计算截面的大小，影响到组合梁是按第一类组合梁还是第二类组合梁计算。现将试件ZHL－1、ZHL－2的考虑有效宽度不同取值时的极限承载力对比如下。

表8.4 有效宽度变化时组合梁跨中的极限承载力对比

有效宽度取值 / mm	1600	1400	1200	1000	800	600
极限承载力M_u/（kN·m）	362	354	341	324	302	278
	363	354	342	325	302	278

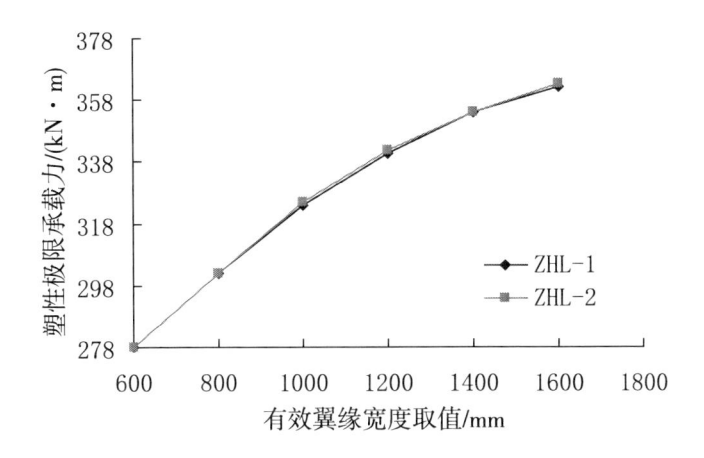

图8.3 塑性承载力随有效宽度取值变化图

由表8.4及图8.3可得，有效宽度取值从600mm增加到800mm时，极限承载力增加了8.63%；有效宽度取值从800mm增加到1000mm时，极限承载力增加了7.45%；有效宽度取值从1000mm增加到1200mm时，极限承载力增加了5.24%；有效宽度取值从1200mm增加到1400mm时，极限承载力增加了3.66%；有效宽度取值从1400mm增加到1600mm时，极限承载力增加了2.40%。可见，有效宽度取值对塑性极限承载力的影响比对弹性极限承载力的影响要大得多，但是，随着有效宽度取值的增大，对塑性极限承载力的影响也越来越小。

8.6 钢-轻骨料混凝土简支组合梁的M-ϕ关系

钢-轻骨料混凝土简支组合梁的弯矩曲率关系，即M-ϕ关系曲线。该曲线可以反映钢-轻骨料混凝土组合梁各截面的受弯工作性能，可用于组合梁受弯全过程分析，也是确定塑性铰转动能力的主要依据之一。

钢-轻骨料混凝土组合梁试验与分析

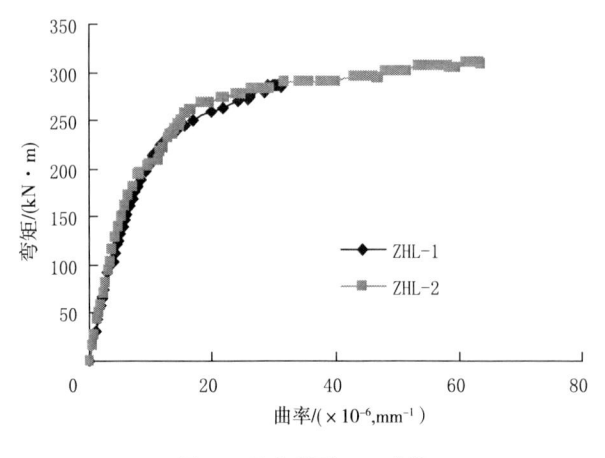

图8.4 跨中截面 $M-\phi$ 曲线

在截面屈服之前，可以认为梁截面的 $M-\phi$ 关系是弹性的，M 与 ϕ 呈线性关系。当弯矩 M 达到屈服弯矩 M_y 与相应的曲率为 ϕ_y 之后，截面开始有塑性变形的发展，组合梁进入弹塑性阶段，M 与 ϕ 呈曲线关系。随着弯矩不断增大，组合截面的中和轴不断上升且绝大多数都进入了混凝土翼缘板，受压区面积不断缩小，直到翼缘板受压破坏。当弯矩达到塑性极限弯矩 M_u 时，相应的曲率为 ϕ_u。轻骨料混凝土翼缘板受压破坏表明组合梁截面达到了承载能力极限状态，通过轻骨料混凝土翼缘板上表面受压破坏时的极限压应变 ε_{cu} 可以确定其极限曲率 ϕ_u。

依据轻骨料混凝土翼缘板上表面的平均应变和钢梁下翼缘的平均应变，可绘出钢-轻骨料混凝土简支组合梁跨中截面的 $M-\phi$ 曲线如图8.4所示。

从图8.4中可以看出，虽然ZHL-1因为加载设备的偏差而未达到极限承载力，其曲线未能到达最大值。但是ZHL-1、ZHL-2的 $M-\phi$ 曲线吻合较好。由ZHL-2的曲线可明显看出有一个较长的平缓段，说明它有较好的延性，在破坏前有明显的征兆。

依据轻骨料混凝土翼缘板上表面的平均应变与下表面的平均应变，图8.5给出了轻骨料混凝土翼缘板的 $M-\phi$ 曲线和轻骨料混凝土组合梁的

$M-\phi$ 曲线。

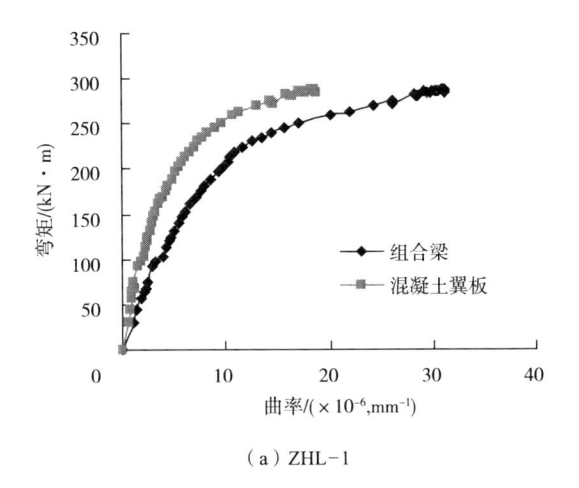

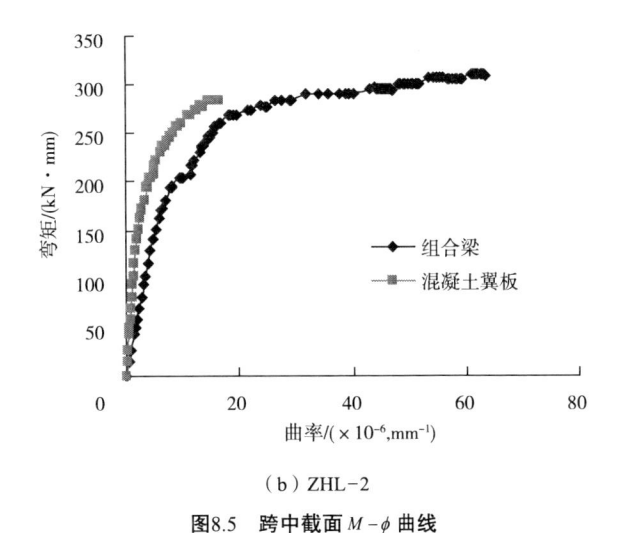

(a) ZHL-1

(b) ZHL-2

图8.5 跨中截面 $M-\phi$ 曲线

因为交界面上滑移效应的存在，使得轻骨料混凝土翼缘板的曲率与组合梁的曲率不可能完全吻合。轻骨料混凝土翼缘板的曲率比组合梁的曲率要小一些。

8.7 轻骨料混凝土组合梁抗弯承载力实用计算方法

根据现行《钢结构设计规范》（GB 50017—2003），正弯矩作用下完全抗剪连接钢-轻骨料混凝土组合梁的抗弯承载力可按下列公式计算。

8.7.1 塑性中和轴位于混凝土板内（如图8.6所示），判别条件：$A_s f \leqslant b_e h_c f_c$

$$M_u = \gamma b_e x f_c y \tag{8.11}$$

$$x = A_s f / (b_e f_c) \tag{8.12}$$

式中：M_u——轻骨料混凝土组合梁的抗弯承载力；

γ——考虑滑移效应影响的折减系数，建议取 $\gamma = 0.93$；

A_s——钢梁截面面积；

x——混凝土翼缘板受压区高度；

y——钢梁截面应力的合力至混凝土受压区截面应力的合力间的距离；

f_c——轻骨料混凝土抗压强度设计值；

f——钢材抗拉强度设计值。

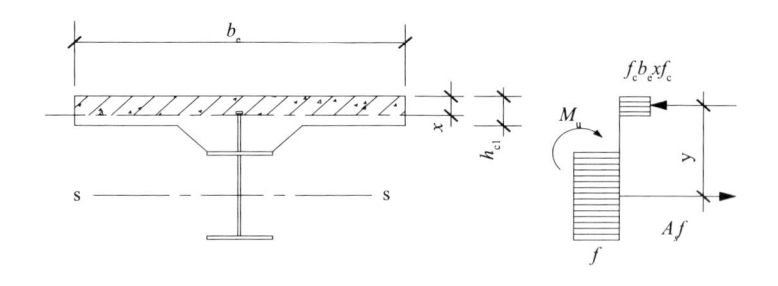

图8.6 塑性中和轴位于混凝土板内时组合梁截面及应力图形

8.7.2 塑性中和轴位于钢梁内（如图8.7所示），判别条件：$A_s f > b_e h_c f_c$

$$M_u = \gamma (b_e x f_c y_1 + A'_s f y_2) \quad (8.13)$$

$$A'_s = 0.5 (A_s - b_e h_{c1} f_c / f) \quad (8.14)$$

式中：A'_s——钢梁受压区截面面积；

y_1——钢梁受拉区截面形心至混凝土翼缘板受压区截面形心的距离；

y_2——钢梁受拉区截面形心至钢梁受压区截面形心的距离。

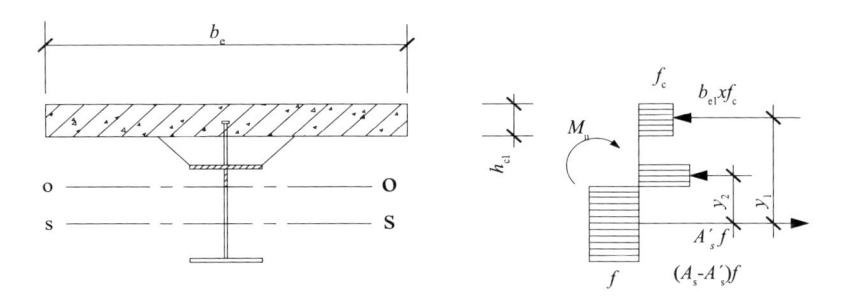

图8.7 塑性中和轴位于钢梁内时组合梁截面及应力图形

8.7.3 材料设计指标取值

采用塑性理论计算轻骨料混凝土组合梁的抗弯承载力时，对应的材料性能指标应按现行相应的规范采用。钢材抗拉强度设计值 f 按《钢结构设计规范》（GB 50017—2003）中的规定取值；轻骨料混凝土抗压强度设计值 f_c 按《轻骨料混凝土结构技术规程》（JGJ 12—2006）中的规定取值。

8.8 小结

本章对钢－轻骨料混凝土简支组合梁的抗弯承载力进行了理论分析。分别采用换算截面法、简化塑性理论对轻骨料混凝土组合梁的进行了抗弯承载力分析，研究了滑移效应以及有效翼缘宽度对钢-轻骨料混凝土简支组合梁抗弯承载力的影响，并进行了试验值与理论值的对比分析。轻骨料混凝土翼缘板有效宽度取值的增大，轻骨料混凝土组合梁的承载力有所提高，但提高的程度越来越小。由轻骨料混凝土组合梁弯曲曲率 $M-\phi$ 曲线可知，组合梁受弯破坏前 $M-\phi$ 曲线有一较长的水平段，说明钢-轻骨料混凝土组合梁具有较好的延性。

对比结果表明，极限抗弯承载力的试验值小于计算值，滑移效应对钢-轻骨料混凝土组合梁的极限抗弯承载力影响尚不能忽略，目前缺少大量试验数据的前提下建议采用本书给出的实用计算方法计算钢-轻骨料混凝土组合梁抗弯承载力。

9 钢-轻骨料混凝土组合梁变形计算

9.1 有效宽度对钢-轻骨料混凝土组合梁挠度的影响

为分析有效宽度对钢-轻骨料混凝土组合梁挠度的影响，计算4根组合梁的挠度进行比较，分别采用数值解法、《桥涵设计规范》方法、《钢结构设计规范》方法[18,92]、折减刚度法（翼缘板宽度按实际大小取值，不考虑其宽度的折减）对组合梁的挠度进行计算[91]，具体计算结果见表9.1。有效宽度是随荷载的变化而变化的，同时在承载能力极限状态下，由于混凝土翼缘板的受压屈服，翼缘板中应力分布趋于均匀，塑性阶段的有效宽度值通常大于弹性阶段，且有效宽度沿梁的长度方向也是略有变化的[93,94]。

表9.1 翼缘板有效宽度的不同取值与组合梁挠度间的关系

算法 \ 梁号	SCB-1	SCB-2	SCB-3	SCB-4
钢结构规范	8.222	10.472	7.536	9.600
数值解法	8.146	10.374	7.493	9.545
折减刚度法（b_e=1400）	7.819	9.959	7.167	9.130
折减刚度法（b_e=900）	10.581	13.477	9.698	12.355

表9.1中挠度单位为mm，其中"钢结构规范"按规范规定取有效宽度b_e=1110mm。对于试验梁而言，有效宽度取值取决于翼缘板的厚度，且二规

范关于厚度限值均为12倍的翼缘板厚度，因此，有效宽度取值相同。确定有效宽度后，分别按照各自规范的规定计算钢-轻骨料混凝土组合梁的跨中挠度。

表9.1中组合梁SCB-1及SCB-2采用LC35轻骨料混凝土翼缘板，组合梁SCB-3及SCB-4采用C35普通混凝土翼缘板；组合梁SCB-1及SCB-3作用有跨中集中荷载，组合梁SCB-2及SCB-4作用有全垮均布荷载。无论集中荷载还是均布荷载均采用极限荷载的80%进行计算分析。

分析表中数值可的如下结论。

（1）不考虑混凝土翼缘板有效宽度时（b_e=1400mm）组合梁的挠度与考虑混凝土翼缘板有效宽度时（b_e=1110mm）组合梁的挠度相比，轻骨料混凝土组合梁及普通混凝土组合梁的挠度都减小了5.2%。

（2）折减刚度法（b_e=900mm）（同美国AASHTO规范有效宽度的取值）组合梁的计算挠度比"桥涵规范"和"钢结构规范"的挠度增加28.7%。与"桥涵规范"和"钢结构规范"的计算挠度比较可知，有效宽度每降低100mm组合梁的跨中挠度要增加13.6%。因此，有效宽度的取值对组合梁跨中挠度有较大的影响。

（3）荷载类型及大小不变时，采用轻骨料混凝土组合梁的跨中挠度比采用普通混凝土组合梁的跨中挠度增大9.1%。

（4）采用轻骨料混凝土翼缘板的组合梁以及采用普通混凝土翼缘板的组合梁，荷载类型由集中荷载变为均布荷载，其跨中挠度增大27.4%。

9.2 抗剪连接件对钢-轻骨料混凝土组合梁挠度的影响

9.2.1 抗剪连接程度的影响

第4章4.5节中已定义的抗剪连接程度系数$\eta = n/n_f$，其中完全剪力连接所需的栓钉个数参考钢与普通混凝土组合梁计算方法计算所得。文献[91]

分析了考虑抗剪连接程度变化的钢-轻骨料混凝土组合梁的挠度,其抗剪连接程度与组合梁挠度之间的关系曲线如图9.1所示。

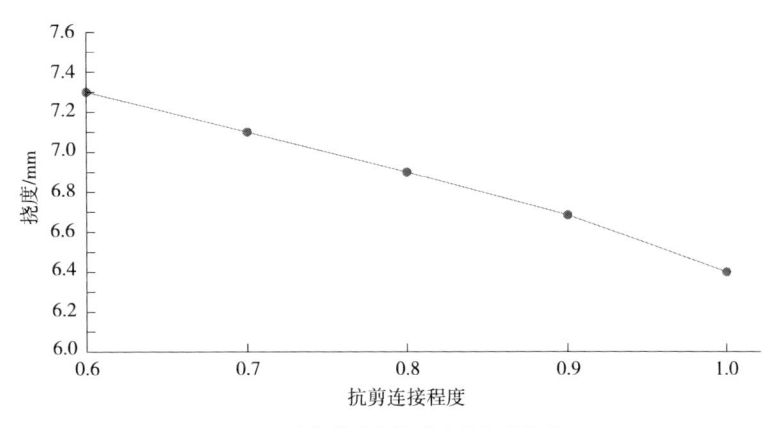

图9.1 组合梁挠度与抗剪连接程度的关系

由图9.1可得:挠度随着抗剪连接程度的增加近似呈线性降低;对于集中荷载作用下的简支轻骨料混凝土组合梁,抗剪连接程度系数越大挠度越小,抗剪连接程度系数每增加0.1,则跨中挠度降低0.225mm。

分析表明,抗剪连接程度系数越大其剪力滞后现象越严重。当抗剪连接程度系等于1.0时,即完全剪力连接,剪力滞后效应最明显,混凝土翼缘板的纵向应力,即截面正应力分布最不均匀。因此,在组合梁设计中,在强度和刚度满足要求的情况下,应尽量采用部分剪力连接以节省栓钉用量、降低截面正应力,从而使组合结构更加经济合理。

9.2.2 连接件布置方式

剪力连接件布置方式一般有单排、双排等布置方式。布置方式不同与栓钉周边的混凝土产生应力集中的程度也不同。以跨中集中荷载作用下的完全剪力连接的组合梁为例,剪力连接件分别采用单排栓钉和双排栓钉的布置方式,研究组合梁挠度的变化。组合梁的具体参数为:跨度为3.6m,混凝土板厚为80mm,轻骨料混凝土强度等级为LC35,钢梁(Q235B钢)采用宽翼缘H型钢HW150×150×7×10，剪力连接件采用栓钉连接件（4.6级钢），栓钉杆直径为16mm，高为60mm，栓帽高10mm。采用双排布置栓钉时，栓钉横向间距为50mm，纵向间距为250mm；采用单排布置栓钉时，间距为125mm。

计算结果表明，两者的跨中挠度分别为8.046mm和7.733mm，其原因是单排栓钉布置间距约为双排栓钉的一半，降低了梁板界面之间的剪切滑移，从而减小了组合梁梁的跨中挠度，确保钢梁和混凝土翼缘板能较好地共同工作。从另一方面也说明了在剪力连接系数相同且栓钉间距满足施工要求时应尽量单排布置栓钉。

9.3 滑移效应对钢-轻骨料混凝土组合梁挠度的影响

钢与混凝土组合梁交界面滑移是一种不可避免的现象，这种滑移对组合梁变形影响很大，不考虑滑移不能真实反映组合梁实际工作情况[1]。但在目前各国组合结构规范中，对正常使用荷载作用下的组合梁的挠度普遍采用弹性理论进行计算，忽略界面滑移对结构性能的影响。如在ECCS4中认为其叠合面相对滑移对挠度的影响可以忽略[46]。我国现行《钢结构设计规范》（GB 50017—2003）规定承受动力荷载的钢结构构件及其连接，按弹性理论设计，钢梁板件宽度比较大且组合截面中和轴位于钢梁腹板内的组合梁，其截面也按弹性状态计算。除此之外，均可按塑性理论分析计算，但组合梁的挠度均按弹性方法进行计算，考虑混凝土和钢梁之间的滑移效应对组合梁的抗弯刚度进行折减[18]。R. P. Johnson等人通过大量理论分析研究，验证了上述观点的正确性，认为滑移效应的存在，按照经典梁理论的挠度计算方法的结果将是偏于不安全的，同时，钢-混凝土组合梁滑移在界面混凝土板端面增加滑移裂缝，降低结构的耐久性。因此，定量研究钢-混凝土组合梁的界面相对滑移对组合梁刚度和挠度的影响是有必要的。

文献[79,98-102]将钢-混凝土组合梁作为弹性体（材料为线弹性）进行使用荷载作用下的滑移分析,并认为组合梁在使用阶段(弹性阶段)交界面上的水平剪力与相对滑移成正比,钢梁和混凝土板具有相同的曲率,符合平截面假定。根据组合梁单元体的平衡以及交界面上变形协调关系得到滑移平衡微分方程,进而求得由于界面滑移引起的附加挠度。

本节综合考虑钢-轻骨料混凝土组合梁的纵向滑移效应,根据能量法建立考虑滑移效应作用的变分解法。利用最小势能原理导出组合梁挠度和滑移微分方程,求解得出对称荷载、集中荷载,以及均布荷载作用下的组合梁挠度和界面滑移的表达式。

9.3.1 基本假定

(1)钢梁和轻骨料混凝土均为各向同性的弹性体。

(2)组合梁受荷载作用后,钢梁和混凝土翼缘板应变分别沿截面高度呈线性分布,即各自符合平截面假定。

(3)忽略钢梁和轻骨料混凝土板之间的掀起,仅考虑竖向弯曲在截面上产生的纵向滑移,忽略界面横向滑移。

(4)交界面上的水平剪力和相对位移成正比。设抗剪连接件的间距为p,钢梁和轻骨料混凝土板交界面上的单位长度上的水平剪力为v、连接件的刚度为k,滑移为s,即

$$pv = ks \quad (9.1)$$

9.3.2 滑移模型

在交界面上的水平滑移的产生如图9.2所示。

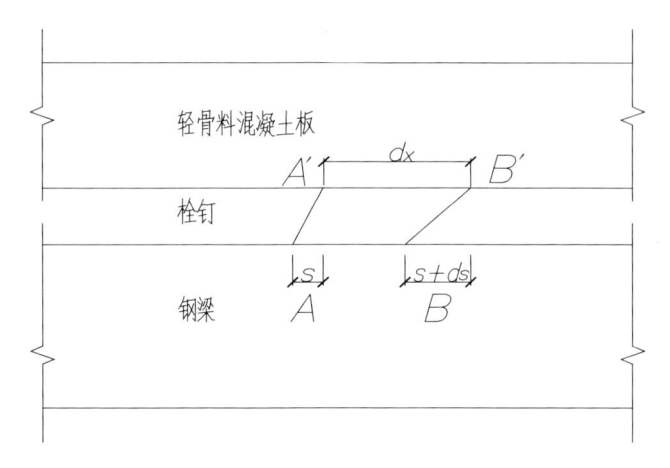

图9.2 滑移引起的交界面上的应变差

由于结构对称，所以在跨度中没有滑移。在交界面上由滑移引起的应变差 ε_s 为

$$\varepsilon_s = \frac{A'B' - AB}{dx} = \frac{ds}{dx} \qquad (9.2)$$

其中，AA' 和 BB' 在零荷载时重叠应变差为0。

钢梁与轻骨料混凝土板在交界面上产生相对滑移，各自保持均匀的平截面伸缩。即各自符合平界面假定。其组合梁微段内的内力如图9.3所示。图中 M_c、V_c、N_c、M_s、N_s、V_s 分别为组合梁中轻骨料混凝土板和钢梁的弯矩、剪力和轴力，$S(x)$ 为组合梁中钢梁与轻骨料混凝土板在水平方向的纵向位移差，即组合梁的界面滑移，q_u 为轻骨料混凝土板与钢梁的层间剪力。

根据轻骨料混凝土和钢梁的受力平衡条件，由 $\sum X = 0$ 可得

$$\frac{dN_c}{dx} = q_u, \quad \frac{dN_S}{dx} = -q_u \qquad (9.3)$$

根据物理条件可得

$$N_c = -E_c A_c u_c'(x) , \quad N_s = E_s A_s u_s'(x) \tag{9.4}$$

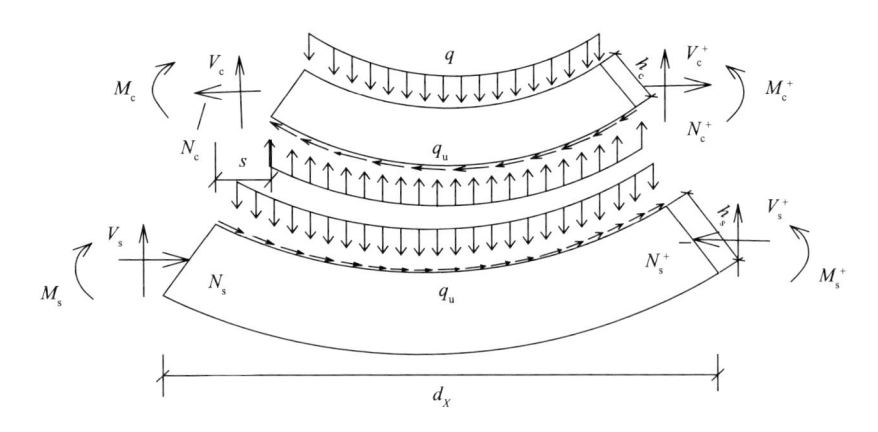

图9.3 组合梁微段变形示意图

其中：E_c、A_c——分别为混凝土的弹性模量和混凝土板横截面面积；

$\quad\quad E_s$、A_s——分别为钢梁的弹性模量和钢梁横截面面积；

$\quad\quad u_c(x)$——轻骨料混凝土板沿梁轴线的纵向位移；

$\quad\quad u_s(x)$——钢梁沿梁轴线的纵向位移。

设组合梁的弯曲变形为w，钢梁与轻骨料混凝土板重心距离为$h/2$，则连接件的水平位移为

$$S(x) = u_S(x) - u_c(x) \tag{9.5}$$

将式（9.4）带入式（9.3）得到

$$-E_c A_c u_c'' = q_u , \quad E_s A_s u_s'' = q_u$$

即
$$-E_c A_c u_c'' = E_s A_s u_s'' \tag{9.6}$$

对式（9.6）进行积分，同时考虑轻骨料混凝土板和钢梁中的轴力通过栓钉平衡可以得到

$$\frac{u_s'}{u_c'} = -\frac{E_c A_c}{E_s A_s} , \quad \frac{u_s}{u_c} = -\frac{E_c A_c}{E_s A_s} \tag{9.7}$$

把式（9.7）带入式（9.5）可得

$$s(x) = u_s(x) \cdot \frac{E_s A_s + E_c A_c}{E_c A_c}, \quad s(x) = -u_c(x) \cdot \frac{E_s A_s + E_c A_c}{E_s A_s} \quad (9.8)$$

$$u_s(x) = \frac{s(x) E_c A_c}{E_s A_s + E_c A_c}, \quad u_c(x) = -\frac{s(x) E_s A_s}{E_s A_s + E_c A_c} \quad (9.9)$$

$$s'(x) = u_s'(x) \cdot \frac{E_s A_s + E_c A_c}{E_c A_c}, \quad u_c'(x) = -\frac{s'(x) E_s A_s}{E_s A_s + E_c A_c} \quad (9.10)$$

$$u_s'(x) = \frac{s'(x) E_c A_c}{E_s A_s + E_c A_c} \quad (9.11)$$

由式（9.11）可以看出组合梁相对滑移将引起钢梁和轻骨料混凝土板纵向应变。$s'(x)$ 称为组合梁滑移应变，即 $s'(x) = \varepsilon_s$。令 $n = \dfrac{E_s}{E_c}$，则钢梁和轻骨料混凝土滑移位移应变可以表示为

$$\varepsilon_n = \frac{A_c}{A_c + nA_s} s'(x) \quad （钢梁）$$

$$\varepsilon_n = \frac{-nA_s}{A_c + nA_s} s'(x) \quad （轻骨料混凝土板） \quad (9.12)$$

根据组合梁的挠曲线近似微分方程，轻骨料混凝土组合梁的弯曲应变可以用下式表达

$$\varepsilon_b = y w''(x) \quad (9.13)$$

其中：y——组合梁截面上任一点到中和轴的距离。

将上述两项应变叠加，可以得到组合梁纵向应变为

$$\varepsilon = \varepsilon_n + \varepsilon_b$$

根据以上分析，建立轻骨料混凝土组合梁滑移模型，如图9.4所示。

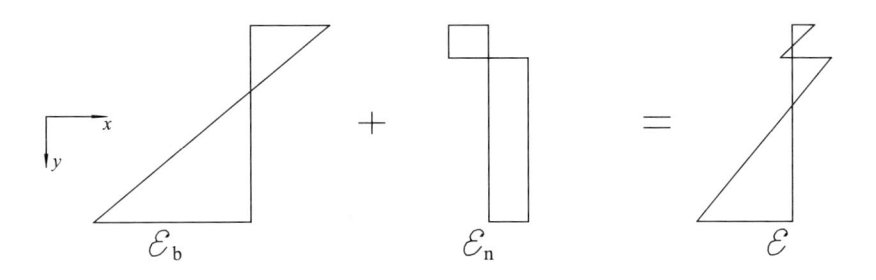

图9.4 组合梁截面滑移模型

9.3.3 轻骨料混凝土组合梁微分方程的建立

根据最小势能原理，在给定外力作用下，处于稳定平衡状态的弹性体，在满足边界条件的所有各组位移中间，实际上存在的一组位移，应使总势能成为极值。即体系总势能的一阶变分为零。如果考虑二阶变分，就可以证明：对于稳定平衡状态，这个极值是极小值。

$$\delta \Pi = \delta(\overline{U} + \overline{V}) = 0 \quad (9.14)$$

式中：$\overline{U}$ ——体系的形变势能；

$\overline{V}$ ——外荷载所做虚功。

下面分别计算体系的各项势能。

轻骨料混凝土板的弯曲应变：$\varepsilon_{bc} = y_c \cdot w''$ （9.15）

轻骨料混凝土板的滑移应变：$\varepsilon_{sc} = S \cdot \varsigma'(x)$ （9.16）

轻骨料混凝土混凝土板应变能：$\Pi_c = \dfrac{1}{2}\int_0^l E_c A_c (\varepsilon_{sc} + \varepsilon_{bc})^2 \mathrm{d}x$ （9.17）

将式（9.15）、式（9.16）代入式（9.17）整理得到以下公式。

轻骨料混凝土混凝土板应变能，即

$$\Pi_c = \dfrac{1}{2}\int_0^l E_c A_c (y_c \cdot w'' + S \cdot \varsigma'(x))^2 \mathrm{d}x \quad (9.18)$$

钢梁的弯曲应变：$\varepsilon_{bs} = y_s \cdot w''$ （9.19）

钢梁的滑移应变：$\varepsilon_{ss} = S \cdot \varsigma'(x)$ （9.20）

钢梁的应变能：$\Pi_s = \dfrac{1}{2}\int_0^l E_s A_s (\varepsilon_{ss} + \varepsilon_{bs})^2 \mathrm{d}x$ （9.21）

将式（9.19）、式（9.20）带入式（9.21）整理得到下式。

钢梁的应变能：$\Pi_s = \dfrac{1}{2}\int_0^l E_s A_s [y_s \cdot w'' + S \cdot \varsigma'(x)]^2 \mathrm{d}x$ （9.22）

抗剪连接件应变能：$\Pi_{sc} = \dfrac{1}{2}\int_0^l k_s \varsigma^2(x)\mathrm{d}x$ （9.23）

外荷载所做虚功：$\Pi_0 = \int M w'' \mathrm{d}x = \int q w \mathrm{d}x$ （9.24）

则轻骨料混凝土组合梁能量总和为

$$\Pi = \dfrac{1}{2}\int_0^l E_c A_c [y_c \cdot w'' + S \cdot \varsigma'(x)]^2 + E_s A_s [y_s \cdot w'' + S \cdot \varsigma'(x)]^2 + k_s \varsigma^2(x)\mathrm{d}x - \int_0^l M w'' \mathrm{d}x$$
（9.25）

令：$I_{cb} = \int_{A_c} y_c^2 \mathrm{d}A$，$I_{cs} = \int_{A_c} s^2 \mathrm{d}A$，$I_{cbs} = \int_{A_c} s y_c \mathrm{d}A$，$I_{sb} = \int_{A_s} y_s^2 \mathrm{d}A$，$I_{ss} = \int_{A_s} s^2 \mathrm{d}A$，$I_{sbs} = \int_{A_s} s y_s \mathrm{d}A$，将 $w(x)$ 简写成 w，$s(x)$ 简写成 s 整理得到：

$$\Pi = \dfrac{1}{2}\int_0^l (E_1 I_1 w''^2 + E_2 I_2 \varsigma'^2 + 2 E_3 A_3 w'' \varsigma' + k_s \varsigma^2)\mathrm{d}x - \int_0^l M w'' \mathrm{d}x$$ （9.26）

式中：$E_1 I_1 = E_c I_{cb} + E_s I_{sb}$

$E_2 I_2 = E_c I_{cs} + E_s I_{ss}$

$E_3 I_3 = E_c I_{cbs} + E_s I_{sbs}$

根据变分原理，$\delta\Pi = 0$，得到总能量的一阶变分

$$\delta\Pi = \int_0^l [(E_1 I_1 w'' + E_3 I_3 \varsigma' - M)\delta w'' + (E_2 I_2 \varsigma' + E_3 I_3 w'')\delta\varsigma' + k_s \varsigma \delta\varsigma]\mathrm{d}x$$ （9.27）

通过分部积分，根据变分项的任意性，最后得到轻骨料混凝土组合梁

的控制微分方程及有关的边界条件如下。

$$E_1I_1w'' + E_3I_3\varsigma' - M = 0$$
$$E_3I_3w''' + E_2I_2\varsigma'' - k_s\varsigma = 0 \tag{9.28}$$
$$\delta\varsigma(l)[E_2I_2\varsigma'(l) + E_3I_3w''(l)] = 0$$
$$\delta\varsigma(0)[E_2I_2\varsigma'(0) + E_3I_3w''(0)] = 0$$

以上控制微分方程,其中后两式为变分所要求的边界条件。从式(9.28)的第一式中解出 w'' 并代入第二式,并令

$$\alpha^2 = \frac{k_s E_1 I_1}{E_1 I_1 E_2 I_2 - (E_3 I_3)^2}, \quad \beta = \frac{E_3 I_3}{E_1 I_1 E_2 I_2 - (E_3 I_3)^2}$$

则可以推得

$$\varsigma'' - \alpha^2 = \beta Q \tag{9.29}$$
$$E_1I_1w'' + E_3I_3\varsigma' - M = 0 \tag{9.30}$$

上述式(9.29)和式(9.30)为利用变分法所得到的轻骨料混凝土组合梁考虑滑移效应影响的微分方程。因此,只要解得滑移位移 $\varsigma(x)$,就知道了轻骨料混凝土组合梁的相对滑移效应。由式(9.30)得到

$$w'' = \frac{1}{E_1I_1}(-M(x) - E_3I_3\varsigma') = -\frac{1}{E_1I_1}[M(x) + M_s(x)] \tag{9.31}$$

式中,$M_s(x) = E_3I_3\varsigma'(x)$,$M_s(x)$ 称为滑移效应的附加弯矩,它与滑移位移 $\varsigma(x)$ 的一阶导数有关,且与 E_3I_3 成正比。由式(9.31)可知,考虑滑移效应影响时,组合梁的曲率与弯矩已不再是经典梁理论中的关系,而是增加了附加弯矩 M_s 修正项。因此,滑移将增大结构曲率,降低构件刚度。

边界条件也可以简化为

$$\varsigma'(x) - \beta M(x)\Big|_{x_1}^{x_2} = 0 \tag{9.32}$$

9.3.4 对称集中荷载作用下的轻骨料混凝土简支组合梁滑移及挠度方程

当轻骨料混凝土简支组合梁在对称荷载作用下，如图2.4所示，其弯矩和剪力的函数如下。

当 $0 \leqslant x \leqslant a$ 时

$$M(x) = \frac{p}{2}x, \quad Q(x) = \frac{p}{2},$$

$$\varsigma'' - \alpha^2 \varsigma = \frac{\beta p}{2}$$

可解出

$$\varsigma_1 = C_1 e^{\alpha x} + C_2 e^{-\alpha x} - \frac{\beta p}{2\alpha^2} \quad (9.33)$$

当 $a < x \leqslant l - a$ 时

$$M(x) = \frac{p}{2}a, \quad Q(x) = 0,$$

$$\varsigma'' - \alpha^2 \varsigma = 0$$

解方程得到

$$\varsigma_2 = C_3 e^{\alpha x} + C_4 e^{-\alpha x} \quad (9.34)$$

当 $l - a < x \leqslant l$ 时

$$M(x) = \frac{p}{2}(l-x), \quad Q(x) = -\frac{p}{2},$$

$$\varsigma'' - \alpha^2 \varsigma = -\frac{\beta p}{2}$$

解方程得到

$$\varsigma_3 = C_5 e^{\alpha x} + C_6 e^{-\alpha x} + \frac{\beta p}{2\alpha^2} \quad (9.35)$$

考虑轻骨料混凝土简支梁自由端滑移位移一阶导数为零，同时，为保证滑移在集中荷载作用处的连续性，以及轻骨料混凝土组合梁的对称性和式（9.31）成立，可以得到如下的边界条件。

9 钢-轻骨料混凝土组合梁变形计算

$\varsigma_1'|_{x=0} = 0$, $\varsigma_1'|_{x=a} = \varsigma_2'|_{x=a}$, $\varsigma_2'|_{x=a} = -\varsigma_2'|_{x=l-a}$,

$\varsigma_2'|_{\frac{l}{2}} = 0$, $\varsigma_2'|_{x=l-a} = \varsigma_3'|_{x=l-a}$, $\varsigma_3'|_{x=l} = 0$

将边界条件代入式（9.33）、式（9.34）和式（9.35），可解出其系数 $c_1 \sim c_6$，即

$$c_1 = \frac{\beta p}{\alpha^2} = c_2$$

$$c_3 = \frac{\beta p(e^{\alpha a} - e^{-\alpha a})}{\alpha^2(e^{\alpha \frac{l}{2}} + e^{\alpha(l-a)})}$$

$$c_4 = \frac{\beta p(e^{\alpha(l+a)} - e^{\alpha(l-a)})}{\alpha^2(e^{\alpha \frac{l}{2}} + e^{\alpha(l-a)})}$$

$$c_5 = \frac{\beta p(e^{\alpha a} - e^{-\alpha a})}{\alpha^2(e^{\alpha(l-a)} - e^{\alpha(l+a)})}$$

$$c_6 = \frac{\beta p(e^{\alpha(l+a)} - e^{\alpha(l-a)})}{\alpha^2(e^{-\alpha a} - e^{\alpha a})}$$

分别代回式（9.33）、式（9.34）和式（9.35）得到

$$\varsigma_1 = \frac{\beta p}{\alpha^2}(e^{\alpha x} + e^{-\alpha x}) - \frac{\beta p}{2\alpha^2} \quad (9.36)$$

$$\varsigma_2 = \frac{\beta p}{\alpha^2}\left(\frac{e^{\alpha a} - e^{-\alpha a}}{e^{\alpha \frac{l}{2}} + e^{\alpha(l-a)}}e^{\alpha x} + \frac{e^{\alpha(l+a)} - e^{\alpha(l-a)}}{e^{\alpha \frac{l}{2}} + e^{\alpha(l-a)}}e^{-\alpha x}\right) \quad (9.37)$$

$$\varsigma_3 = \frac{\beta p}{\alpha^2}\left(\frac{e^{\alpha a} - e^{-\alpha a}}{e^{\alpha(l-a)} - e^{\alpha(l+a)}}e^{\alpha x} + \frac{e^{\alpha(l+a)} - e^{\alpha(l-a)}}{e^{-\alpha a} - e^{\alpha a}}e^{-\alpha x} + \frac{1}{2}\right) \quad (9.38)$$

$$M_{s1} = \frac{E_3 I_3 \beta p}{\alpha}(e^{\alpha x} - e^{-\alpha x}) \quad (9.39)$$

$$M_{s2} = \frac{\beta p E_3 I_3}{\alpha}\left(\frac{e^{\alpha a} - e^{-\alpha a}}{e^{\alpha \frac{l}{2}} + e^{\alpha(l-a)}}e^{\alpha x} - \frac{e^{\alpha(l+a)} - e^{\alpha(l-a)}}{e^{\alpha \frac{l}{2}} + e^{\alpha(l-a)}}e^{-\alpha x}\right) \quad (9.40)$$

125

$$M_{s3} = \frac{E_3 I_3 \beta p}{\alpha}(\frac{e^{\alpha a} - e^{-\alpha a}}{e^{\alpha(l-a)} - e^{\alpha(l+a)}}e^{\alpha x} - \frac{e^{\alpha(l+a)} - e^{\alpha(l-a)}}{e^{-\alpha a} - e^{\alpha a}}e^{-\alpha x}) \quad (9.41)$$

由内力及滑移参数代入方程 $w'' = -\frac{1}{E_1 I_1}(M(x) - E_3 I_3 \varsigma')$，并积分得到

$$w_1 = -\frac{1}{E_1 I_1}[\frac{p}{12}x^3 + E_3 I_3 \frac{\beta p}{\alpha^3}(e^{\alpha x} - e^{-\alpha x})] + C_1 x + C_2 \quad (9.42)$$

$$w_2 = -\frac{E_3 I_3 \beta p}{E_1 I_1 \alpha^3}(\frac{e^{\alpha a} - e^{-\alpha a}}{e^{\alpha \frac{l}{2}} + e^{\alpha(l-a)}}e^{\alpha x} - \frac{e^{\alpha(l+a)} - e^{\alpha(l-a)}}{e^{\alpha \frac{l}{2}} + e^{\alpha(l-a)}}e^{-\alpha x}) + C_3 x + C_4 \quad (9.43)$$

$$w_3 = -\frac{1}{E_1 I_1}(\frac{plx^2}{4} - \frac{p}{12}x^3) - \frac{E_3 I_3 \beta p}{E_1 I_1 \alpha^3}(\frac{e^{\alpha a} - e^{-\alpha a}}{e^{\alpha(l-a)} - e^{\alpha(l+a)}}e^{\alpha x} -$$

$$\frac{e^{\alpha(l+a)} - e^{\alpha(l-a)}}{e^{-\alpha a} - e^{\alpha a}}e^{-\alpha x}) + C_5 x + C_6 \quad (9.44)$$

根据边界条件 $w_{x=0} = 0$、$w'|_{x=\frac{l}{2}} = 0$、$w_{x=l} = 0$ 和轻骨料混凝土组合梁挠度变形的连续性以及对称性可得

$$C_1 = \frac{pa^2}{4E_1 I_1} + \frac{\beta E_3 I_3 p(3e^{\alpha(a+\frac{l}{2})} + 2e^{\alpha(l-2a)} - e^{\alpha(\frac{l}{2}-a)} - e^{2\alpha a} + 1)}{E_1 I_1 \alpha^2 (e^{\alpha \frac{l}{2}} + e^{\alpha(l-a)})}$$

$$C_2 = 0$$

$$C_3 = \frac{2\beta E_3 I_3 p(e^{\alpha a} - e^{-\alpha a})}{E_1 I_1 \alpha^2 (1 + e^{\alpha(\frac{l}{2}-a)})}$$

$$C_4 = \frac{pa^3}{6E_1 I_1} - \frac{\beta E_3 I_3 p(e^{\alpha(a+\frac{l}{2})} + 2e^{\alpha(l-2a)} + e^{\alpha(\frac{l}{2}-a)} - e^{2\alpha a} + 1)}{E_1 I_1 \alpha^2 (e^{\alpha \frac{l}{2}} + e^{\alpha(l-a)})} -$$

$$\frac{\beta E_3 I_3 p(e^{\alpha a} - e^{-\alpha a} - e^{2\alpha a} - e^{-\alpha \frac{l}{2}})}{E_1 I_1 \alpha^3 (1 + e^{\alpha(\frac{l}{2}-a)})}$$

$$C_5 = \frac{p(l^2 - a^2)}{4E_1 I_1} - \frac{\beta E_3 I_3 p(3e^{\alpha(a+\frac{l}{2})} + 2e^{\alpha(l-2a)} - e^{\alpha(\frac{l}{2}-a)} - e^{2\alpha a} + 1)}{E_1 I_1 \alpha^2 (e^{\alpha \frac{l}{2}} + e^{\alpha(l-a)})}$$

$$C_6 = \frac{3pa^2l - pl^3}{12E_1I_1} + \frac{\beta E_3 I_3 pl(3e^{\alpha(a+\frac{l}{2})} + 2e^{\alpha(l-2a)} - e^{\alpha(\frac{l}{2}-a)} - e^{2\alpha a} + 1)}{E_1 I_1 \alpha^2 (e^{\alpha\frac{l}{2}} + e^{\alpha(l-a)})}$$

因此，在对称集中荷载作用下，考虑滑移效应的轻骨料混凝土简支组合梁挠度表达式为

$$w_1 = -\frac{1}{E_1 I_1}[\frac{p}{12}x^3 + E_3 I_3 \frac{\beta p}{\alpha^2}(e^{\alpha x} - e^{-\alpha x})] +$$

$$\frac{pa^2}{4E_1 I_1}x + \frac{\beta E_3 I_3 p(3e^{\alpha(a+\frac{l}{2})} + 2e^{\alpha(l-2a)} - e^{\alpha(\frac{l}{2}-a)} - e^{2\alpha a} + 1)}{E_1 I_1 \alpha^2 (e^{\alpha\frac{l}{2}} + e^{\alpha(l-a)})}x \quad (9.45)$$

$$w_2 = -\frac{E_3 I_3 \beta p}{E_1 I_1 \alpha}[\frac{(e^{2\alpha a} - 1)}{(e^{\alpha a} + e^{\alpha(l-a)})}e^{\alpha x} - \frac{(e^{\alpha(l+a)} - e^{\alpha(l-a)})}{(e^{\alpha a} + e^{\alpha(l-a)})}e^{-\alpha x}] +$$

$$\frac{pa^3}{6E_1 I_1} - \frac{\beta E_3 I_3 p(e^{\alpha(a+\frac{l}{2})} + 2e^{\alpha(l-2a)} + e^{\alpha(\frac{l}{2}-a)} - e^{2\alpha a} + 1)}{E_1 I_1 \alpha^2 (e^{\alpha\frac{l}{2}} + e^{\alpha(l-a)})} \quad (9.46)$$

$$w_3 = -\frac{1}{E_1 I_1}(\frac{plx^2}{4} - \frac{p}{12}x^3) - \frac{E_3 I_3 \beta p}{E_1 I_1 \alpha^3}[\frac{(e^{\alpha a} - e^{-\alpha a})}{(e^{\alpha(l-a)} - e^{\alpha(l+a)})}e^{\alpha x} - \frac{(e^{\alpha(l+a)} - e^{\alpha(l-a)})}{(e^{-\alpha a} - e^{\alpha a})}e^{-\alpha x}] +$$

$$(\frac{p(l^2 - a^2)}{4E_1 I_1} - \frac{\beta E_3 I_3 p(3e^{\alpha(a+\frac{l}{2})} + 2e^{\alpha(l-2a)} - e^{\alpha(\frac{l}{2}-a)} - e^{2\alpha a} + 1)}{E_1 I_1 \alpha^2 (e^{\alpha\frac{l}{2}} + e^{\alpha(l-a)})})x +$$

$$\frac{3pa^2l - pl^3}{12E_1 I_1} + \frac{\beta E_3 I_3 pl(3e^{\alpha(a+\frac{l}{2})} + 2e^{\alpha(l-2a)} - e^{\alpha(\frac{l}{2}-a)} - e^{2\alpha a} + 1)}{E_1 I_1 \alpha^2 (e^{\alpha\frac{l}{2}} + e^{\alpha(l-a)})} \quad (9.47)$$

9.3.5　集中荷载作用下的轻骨料混凝土简支组合梁滑移及挠度方程

当简支梁承受对称荷载时，如图2.3所示，其弯矩和剪力的函数为

当 $0 \leqslant x \leqslant \frac{l}{2}$ 时

$$M_1(x) = \frac{p}{2}x, \quad Q_1(x) = \frac{p}{2},$$

$$\varsigma_1{''}-\alpha^2\varsigma_1=\frac{\beta p}{2}$$

当 $\frac{l}{2}<x\leqslant l$ 时

$$M_2(x)=\frac{p}{2}(l-x), \quad Q_2(x)=\frac{p}{2},$$

$$\varsigma_2{''}-\alpha^2\varsigma_2=-\beta\frac{p}{2}$$

根据边界条件

$$\varsigma_1{'}|_{x=0}=0, \quad \varsigma_1{'}|_{x=a}=\varsigma_2{'}|_{x=a}, \quad \varsigma_2{'}|_{x=l}=0$$

$$[\varsigma_1{'}(x)-\beta M_1(x)]|_{x=a}-[\varsigma_2{'}(x)-\beta M_2(x)]|_{x=a}=0$$

解得

$$\varsigma_1=\frac{\beta p}{\alpha^2}\frac{e^{\alpha(\frac{l}{2}+x)}+e^{\alpha(\frac{l}{2}-x)}-e^{\alpha(x-\frac{l}{2})}-e^{-\alpha(\frac{l}{2}+x)}}{2(e^{\alpha l}+e^{-\alpha l})}-\frac{\beta p}{2\alpha^2} \quad (9.48)$$

$$\varsigma_2=\frac{\beta p}{\alpha^2}\frac{(e^{\alpha(\frac{3l}{2}-x)}-e^{\alpha(\frac{l}{2}-x)}+e^{\alpha(x-\frac{l}{2})}-e^{\alpha(x-\frac{3l}{2})})}{2(e^{\alpha l}+e^{-\alpha l})}+\frac{\beta p}{2\alpha^2} \quad (9.49)$$

附加弯矩为

$$M_s(x)=E_3I_3\varsigma{'}(x)$$

$$M_{1s}=\frac{\beta p E_3 I_3}{\alpha}\frac{e^{\alpha(\frac{l}{2}+x)}-e^{\alpha(\frac{l}{2}-x)}-e^{\alpha(x-\frac{l}{2})}+e^{-\alpha(\frac{l}{2}+x)}}{2(e^{\alpha l}+e^{-\alpha l})} \quad (9.50)$$

$$M_{2s}=\frac{\beta p E_3 I_3}{\alpha^2}\frac{(e^{\alpha(\frac{3l}{2}-x)}-e^{\alpha(\frac{l}{2}-x)}+e^{\alpha(x-\frac{l}{2})}-e^{\alpha(x-\frac{3l}{2})})}{2(e^{\alpha l}+e^{-\alpha l})} \quad (9.51)$$

将内力及滑移参数代入式（9.30），则有

$$w_1{''}=-\frac{px}{2E_1I_1}-\frac{\beta p E_3 I_3}{\alpha E_1 I_1}\frac{e^{\alpha(\frac{l}{2}+x)}-e^{\alpha(\frac{l}{2}-x)}-e^{\alpha(x-\frac{l}{2})}+e^{-\alpha(\frac{l}{2}+x)}}{2(e^{\alpha l}+e^{-\alpha l})} \quad (9.52)$$

$$w_2{''}=-\frac{p(l-x)}{2E_1I_1}-\frac{\beta p E_3 I_3}{\alpha E_1 I_1}\frac{-e^{\alpha(\frac{3l}{2}-x)}+e^{\alpha(\frac{l}{2}-x)}+e^{\alpha(x-\frac{l}{2})}-e^{\alpha(x-\frac{3l}{2})}}{2(e^{\alpha l}+e^{-\alpha l})} \quad (9.53)$$

积分并将边界条件代入，考虑轻骨料混凝土组合梁对称性及荷载对称

性，在集中荷载作用下，考虑滑移效应的轻骨料混凝土简支组合梁左侧的挠度表达式为

$$w = -\frac{\beta p E_3 I_3}{\alpha^3 E_1 I_1} \frac{e^{\alpha(\frac{l}{2}+x)} - e^{\alpha(\frac{l}{2}-x)} - e^{\alpha(x-\frac{l}{2})} + e^{-\alpha(\frac{l}{2}+x)}}{2(e^{\alpha l} + e^{-\alpha l})} - \frac{pl^3}{48E_1 I_1} + \frac{E_3 I_3 \beta p x}{2\alpha^2 E_1 I_1} \quad (9.54)$$

9.3.6 均布荷载作用下的轻骨料混凝土简支组合梁滑移及挠度方程

当简支梁承受均布荷载 q 时，如图 2.2 所示，其弯矩和剪力的函数为

$$M(x) = \frac{q}{2}x(l-x), \quad Q(x) = \frac{q}{2}x(l-2x),$$

$$\varsigma'' - \alpha^2 \varsigma = \frac{\beta q}{2}(l-2x)$$

$$\varsigma = C_1(e^{\alpha x} + e^{-\alpha x}) + C_2(e^{\alpha x} - e^{-\alpha x}) - \frac{\beta q(l-2x)}{2\alpha^2} \quad (9.55)$$

根据边界条件

$$C_1 = \frac{\beta q(e^{\alpha l} + e^{-\alpha l} - 2)}{4\alpha^3(e^{\alpha l} - e^{-\alpha l})}$$

$$C_2 = -\frac{\beta q}{2\alpha^3}$$

$$\varsigma = \frac{\beta q(e^{\alpha l} + e^{-\alpha l} - 2)(e^{\alpha x} + e^{-\alpha x})}{4\alpha^3(e^{\alpha l} - e^{-\alpha l})} - \frac{\beta q(e^{\alpha x} - e^{-\alpha x})}{2\alpha^3} - \frac{\beta q(l-2x)}{2\alpha^2} \quad (9.56)$$

滑移引起的附加弯矩

将内力及滑移参数代入式（9.30）积分，并将边界条件代入得到在均布荷载作用下，考虑滑移效应的轻骨料混凝土简支组合梁挠度表达式为

$$w = -\frac{q}{E_1 I_1}\frac{x}{24}(-l^3 + 2lx^2 - x^3) - \frac{q}{E_1 I_1}\frac{E_3 I_3 \beta}{\alpha^2}[(\frac{1}{2}x^2 - \frac{lx}{2}$$

$$+ \frac{1}{2\alpha^2}(1 - \frac{e^{\alpha x - \frac{\alpha l}{2}} - e^{-\alpha x + \frac{\alpha l}{2}}}{e^{\frac{\alpha l}{2}} + e^{-\frac{\alpha l}{2}}})] \quad (9.57)$$

9.3.7 试验验证

利用轻骨料混凝土组合梁模型试验数据对本节挠度公式进行验证。图9.5所示为采用两点对称加载实测轻骨料混凝土组合梁挠度与理论计算值的对比曲线，图例中数字代表外荷载的值，单位为kN，其中，实线为实测结果，散点为本书变分法的计算结果。伴随着荷载的增加，轻骨料混凝土组合梁挠度不断增加，在正常使用阶段本书变分法计算结果与实测值吻合较好，表明本书推导的计算公式是正确的。当钢梁屈服后，轻骨料混凝土组合梁的跨中挠度发展很快，理论计算值与实测值开始偏离。

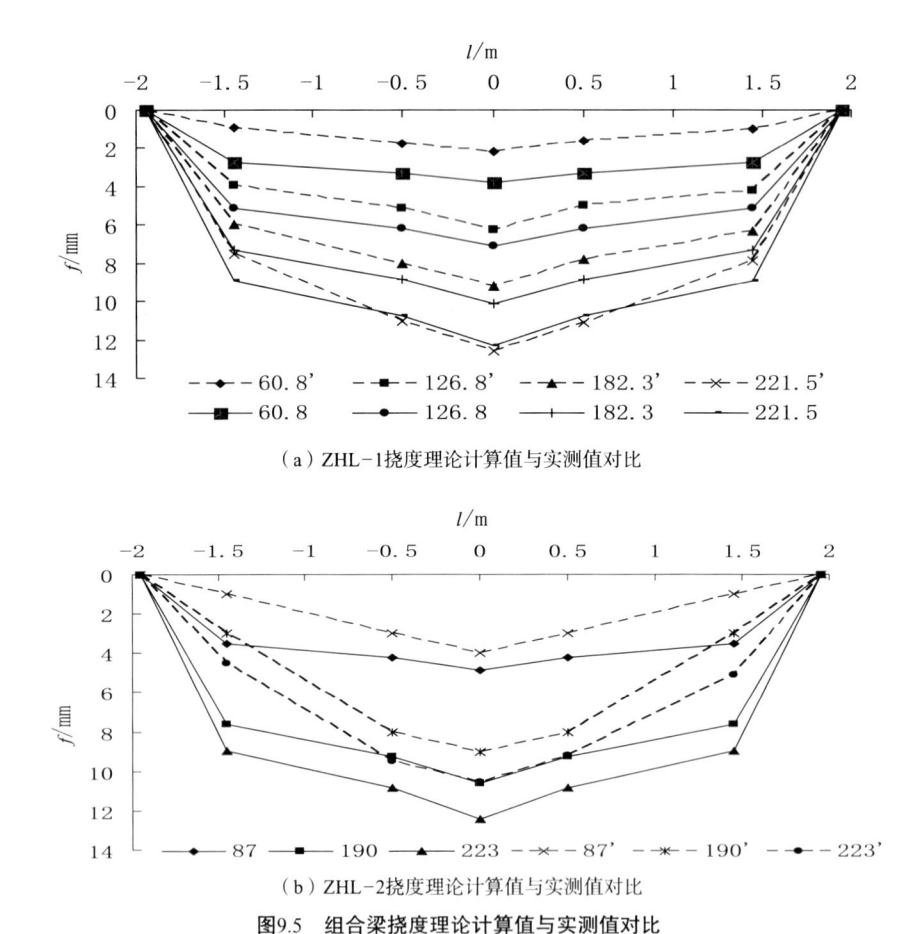

（a）ZHL-1挠度理论计算值与实测值对比

（b）ZHL-2挠度理论计算值与实测值对比

图9.5 组合梁挠度理论计算值与实测值对比

9.4 轻骨料混凝土组合梁实用变形计算方法

钢－混凝土组合梁依靠界面间的抗剪连接件保证钢梁与混凝土翼缘板共同工作，由于栓钉抗剪连接件的柔性以及混凝土产生的压缩变形，导致钢梁与混凝土翼缘板之间的相互作用不充分，在交界面上不可避免地存在相对滑移，从而引起组合梁的附加曲率和挠度，弯曲变形不再符合平截面假定，界面滑移导致组合梁抗弯刚度降低[95-97,101,102]，也使得换算截面法（不考虑界面滑移的影响）的挠度计算值偏小，因此，采用换算截面法计算组合梁的挠曲变形偏于不安全。

9.4.1 组合梁变形计算

钢－混凝土组合梁的挠度可按下式计算。

$$v = v_e + \Delta v \tag{9.58}$$

式中：v——考虑滑移效应影响的钢－混凝土组合梁总挠度；

v_e——采用换算截面法得到的计算挠度；

Δv——考虑滑移效应引起的附加挠度。

采用换算截面法进行钢－混凝土组合梁的挠度计算时，钢－混凝土组合梁在使用荷载作用下一般处于弹性工作阶段，其挠度可以按照结构力学或材料力学公式进行计算。

考虑滑移效应引起的附加挠度 Δv 可按下式计算。

$$\Delta v_1 = \frac{\beta P(l/2 - 1/\alpha)}{2h} \tag{9.59}$$

$$\Delta v_2 = \frac{\beta P(l/2 - b - e^{-\alpha b}/\alpha)}{2h} \tag{9.60}$$

$$\Delta v_3 = \frac{\beta q(l^2/8 - 1/\alpha^2)}{h} \tag{9.61}$$

其中，Δv_1、Δv_2、Δv_3 分别为跨中集中荷载、两点对称集中荷载及全跨均布荷载作用下的附加挠度。

当考虑滑移效应影响时，简支钢-混凝土组合梁总挠度可按下式计算。

$$v_1 = \frac{Pl^3}{48B} \tag{9.62}$$

$$v_2 = \frac{P}{12B}[2(\frac{l}{2}-b)^3 + 3b(\frac{l}{2}-b)(l-b)] \tag{9.63}$$

$$v_3 = \frac{5ql^4}{384B} \tag{9.64}$$

式中：v_1、v_2、v_3——分别为跨中集中荷载、两点对称集中荷载及全跨均布荷载作用下简支钢-混凝土组合梁的总挠度；

B——考虑滑移效应影响的组合梁刚度折减系数，按下式计算。

$$B = \frac{EI_{eq}}{1+\xi} \tag{9.65}$$

式中：B——钢材弹性模量；

I_{eq}——组合梁的换算截面惯性矩；

ξ——考虑滑移效应影响时组合梁的折减刚度系数。

$$\xi = \eta[0.4 - \frac{3}{(\alpha l)^2}] \tag{9.66}$$

式中：$\eta = \frac{24E_s d_c p A_0}{Khl^2}$；$\alpha = \sqrt{\frac{KA_1}{E_s I_0 p}}$；$A_0 = \frac{A_s A_c}{\alpha_E A_s + A_c}$；$A_1 = \frac{I_0 + A_0 d_c^2}{A_0}$；$I_0 = I_s + \frac{I_c}{\alpha_E}$；$K = 0.66 n_s N_v^c$；$l$ 表示梁的跨度；d_c 表示钢梁截面形心到轻骨料混凝土翼缘板形心的距离；p 表示抗剪连接件的平均间距；I_s 和 I_c 分别表示钢梁和轻骨料混凝土翼缘板的截面惯性矩；α_E 为钢梁和轻骨料混凝土的模量比；K 表示连接件的刚度系数；n_s 表示组合梁一个截面上连接件的列数；N_v^c 为单个栓钉连接件的极限承载力。

9.4.2 考虑滑移效应的组合梁挠度与实测值比较

试验梁为两点对称集中荷载作用,按式(9.63)计算轻骨料混凝土组合梁的挠度。计算以钢梁开始屈服时荷载为准。

ZHL-1: $\xi_1 = 0.3394$; $B_1 = 2.207 \times 10^{13}$; v_1=10.8mm

ZHL-2: $\xi_2 = 0.3530$; $B_2 = 2.187 \times 10^{13}$; v_2=13.8mm

钢梁开始屈服时的实测挠度值为

ZHL-1: v_{t1}=12.1mm

ZHL-2: v_{t1}=15.0mm

计算挠度与实测值比较如下

ZHL-1: v_{t1}/v_1=1.12mm; ZHL-2: v_{t2}/v_2=1.08mm

由图9.6可知,按换算截面法计算的跨中挠度,由于没有考虑组合梁交界面的滑移,计算值较小,远远小于实测值。按现行《钢结构设计规范》方法,考虑滑移效应影响的组合梁跨中挠度的计算值仍然比实测值小。说明适用于普通混凝土组合梁的刚度计算公式还不能直接应用于钢-轻骨料混凝土组合梁的刚度计算,轻骨料混凝土组合梁按现行规范给出的公式计算其刚度是不合适的,且偏于不安全。因此,轻骨料混凝土组合梁的挠度计算方法有待进一步研究。

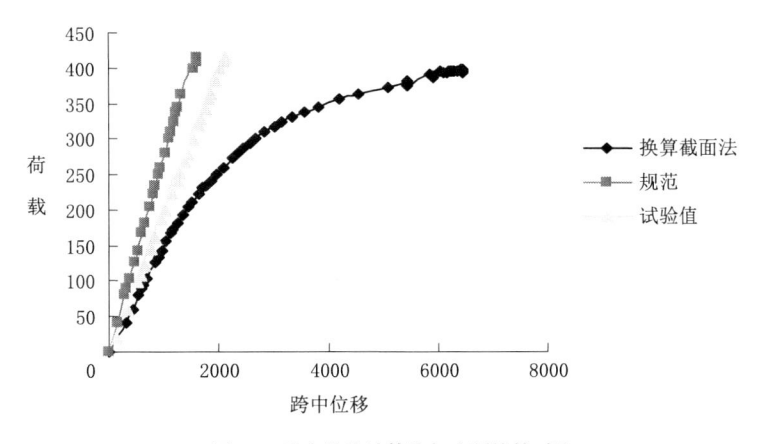

图9.6 跨中位移计算值与实测值的对比

综上分析可知，目前钢-轻骨料混凝土组合梁的挠度可按现行规范方法计算，但应对其刚度进行适当折减，以确保结构的安全。

9.5 小结

本章利用弹性理论分析方法建立了轻骨料混凝土组合梁滑移位移模型，推导了考虑轻骨料混凝土组合梁界面滑移效应影响的挠度和滑移控制微分方程。给出了考虑交界面滑移效应的简支组合梁在跨中对称荷载、跨中集中荷载及均布荷载作用下的轻骨料混凝土组合梁挠度和界面滑移方程的解析表达式。考虑滑移效应影响时，轻骨料混凝土组合梁的曲率与弯矩已不再是初等梁理论中的关系，而是增加了附加弯矩M_s修正项。本书推导了考虑滑移效应的附加弯矩M_s的表达式。它与滑移位移$s(x)$的一阶导数有关。利用附加弯矩M_s，可以方便地采用材料力学挠度计算公式计算滑移对组合梁挠度的影响。本书的计算公式是轻骨料混凝土组合梁的短期荷载作用下的变形计算公式，并没有考虑混凝土的收缩、徐变及温度效应，理论公式有待于试验的进一步验证。

书中还分析了翼缘板有效宽度、抗剪连接程度及抗剪连接件的布置等对骨料混凝土组合梁变形的影响。

10 体外预应力钢-轻骨料混凝土组合连续梁变形性能

10.1 影响体外预应力钢-轻骨料混凝土组合梁变形性能的因素

预应力钢-轻骨料混凝土组合梁是钢-轻骨料混凝土组合梁和预应力钢索的组合结构，钢-轻骨料混凝土组合梁和钢索是通过锚固端及转向块（转向装置）相连的，预应力钢筋对钢-轻骨料混凝土组合梁产生很大的轴向力，在钢-轻骨料混凝土组合梁承受荷载变形过程中，轴向力和弯矩相互影响，使整个结构表现出非线性行为，预应力筋的应力增量与组合梁的变形、钢梁和混凝土翼缘之间的滑移互相影响。组合梁的施工方法主要有以下三种：①浇筑混凝土时钢梁下不设临时支撑；②浇筑混凝土时钢梁下架设临时支撑；③浇筑混凝土时钢梁下有临时支撑，但在浇筑混凝土时支撑已受压，其反力使钢梁产生反拱。施加预应力的顺序也有以下三种：①混凝土和钢梁分别施加预应力，然后通过剪力连接件将混凝土板连接到钢梁顶翼缘上，称为预制先张梁；②钢梁先施加预应力，再浇筑混凝土顶板，负弯矩区还可通过混凝土板中的无黏结钢索对混凝土板进行张拉，称为现浇先张梁；③在钢梁上现浇混凝土板形成普通组合梁，然后利用混凝土板中或钢梁中的钢索对组合梁后张拉预应力，称为后张梁。《预应力结构理论与应用》中提到施工方法和预应力施工顺序将影响使用阶段预应力组合梁的受力和变形以及钢梁翼缘进入屈服或丧失稳定的时间。因此，我们应充分考虑组合梁的施工方法和施加预应力的顺序的影响。体外预应力体系形式多样，主要包括预应力筋、锚固装置、转向器、体外预应力筋防腐系统、减震装置。

10.1.1　施工方法的影响

组合梁的施工方法主要有以下三种：①浇筑混凝土时钢梁下不设临时支撑；②浇筑混凝土时钢梁下架设临时支撑；③浇筑混凝土时钢梁下有临时支撑，但在浇筑混凝土时支撑已受压，其反力使钢梁产生反拱。施加预应力的顺序也有以下三种：①混凝土和钢梁分别施加预应力，然后通过剪力连接件将混凝土板连接到钢梁顶翼缘上，称为预制先张梁；②钢梁先施加预应力，再浇筑混凝土顶板，负弯矩区还可通过混凝土板中的无黏结钢索对混凝土板进行张拉，称为现浇先张梁；③在钢梁上现浇混凝土板形成普通组合梁，然后利用混凝土板中或钢梁中的钢索对组合梁后张拉预应力，称为后张梁[40]。施工方法和预应力施工顺序将影响组合梁弹性工作状态的应力与变形性能和使用阶段预应力组合梁的受力和变形及钢梁翼缘进入屈服或丧失稳定的时间。因此，我们应充分考虑组合梁的施工方法和施加预应力的顺序的影响。

10.1.2　预应力组合梁布筋形式的影响

目前，实际工程应用中预应力钢-混凝土组合梁的布筋形式有多种，例如：①仅布置体外预应力钢束；②混凝土翼缘内布置体内预应力钢束同时布置体外预应力钢束；③连续梁负弯矩区布置体外预应力钢束。

其中，体外预应力钢束的布置形式根据转向块的数量可分为：①直线无转向块的布索形式；②一个转向块的布索形式；③两个转向块的布索形式；④多个转向块的布索形式（可以近似看作抛物线形布索形式）。不同的布索形式会对预应力钢-混凝土组合梁的受力性能产生一定的影响。

预应力钢-混凝土组合连续梁有三种形式如图10.1所示：①仅在组合

梁负弯矩区的混凝土板中、负弯矩区的钢梁上翼缘或同时在两处施加预应力；②在正弯矩区钢梁下翼缘和负弯矩区钢梁上翼缘分别按直线形式同时施加预应力；③在正弯矩区钢梁下翼缘和负弯矩区钢梁上翼缘按折线施加预应力。

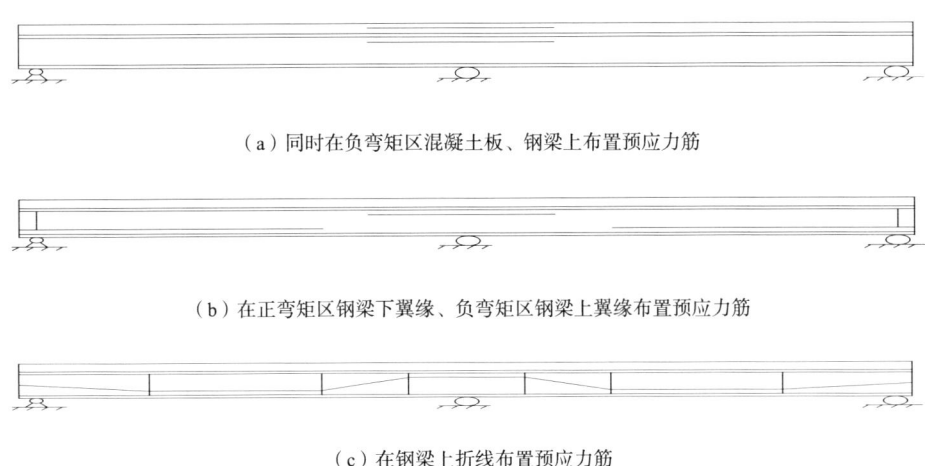

（a）同时在负弯矩区混凝土板、钢梁上布置预应力筋

（b）在正弯矩区钢梁下翼缘、负弯矩区钢梁上翼缘布置预应力筋

（c）在钢梁上折线布置预应力筋

图10.1 体外预应力筋的布置形式

在预应力连续梁中，预加力产生的压力线只与力筋在梁端的偏心距和力筋在跨内的形状有关，而与力筋在内支座中间支点处的偏心距无关。预应力筋的布置一般都是在支座截面尽可能的设置在钢梁的上缘，在跨中截面尽可能的设置在梁的下缘，使两者都有较大的偏心距，以充分发挥预应力筋在预应力结构中的最佳效果和提高截面的抗弯能力。尽可能的减少锚固损失和预应力与转向块之间的摩擦损失。施加相同的初始预应力时，折线布筋比直线布筋对挠度的控制更加有效，折线预应力筋的内力增量比直线预应力筋内力增量更大，因为折线形预应力筋更加接近组合梁的弯矩形状[2]。所以，适当布置预应力筋、合理设置转向块的数量和位置直接影响到体外预应力钢-轻骨料混凝土组合连续梁的受力性能和变形性能。

10.1.3 预应力筋二次弯矩的影响

由于组合梁体在荷载作用下变形后产生的挠度会使体外预应力筋的有效偏心距减小，降低体外预应力筋的作用，即产生二次影响。体外预应力钢-轻骨料混凝土组合连续梁在正常使用荷载作用下一般按弹性理论计算，对于未开裂的组合梁，产生的挠度较小，可以不考虑二次弯矩的影响。但是在梁体相对挠度较大时，二次影响的程度也增大，此时应考虑二次弯矩的影响。合理的设置转向块并采用折线布置体外预应力筋可以提高梁的短期刚度，降低二次弯矩的影响。以下情况可以不考虑二次弯矩的影响[103]：①当高跨比不大，梁体挠度相对较小；②对于未开裂的组合梁；③通过适当配置转向块与体外预应力筋布置等措施提高了梁刚度。

10.1.4 预应力度与初始有效轴压比

预应力钢-轻骨料混凝土组合连续梁在负弯矩区，混凝土受拉、钢梁受压，不能充分发挥两种材料的受力性能。轻骨料混凝土板过早的出现裂缝，难以满足使用要求，而预应力筋的配置使裂缝问题得到解决，提高了连续组合梁的承载力，减小了变形。预应力度的选择将影响裂缝宽度的控制。由于初始的有效轴压比的存在，组合梁的承载力，塑性内力重分布等受到影响。初始有效轴压比、初始预应力越大时，荷载作用下组合梁的变形越小。

10.1.5 力比 R 的影响

力比 R 反映了混凝土板中配筋与钢梁的匹配关系如下

$$R = \frac{A_r f_{ry}}{A_s f_{sy}}$$

其中：A_r——混凝土板中受拉钢筋的面积；

f_{ry}——钢筋屈服强度；

A_s——钢梁截面面积;

f_{sy}——钢梁屈服强度。

对于力比R较小的梁,开裂荷载较低,裂缝宽度发展较快,荷载达到一定水平时裂缝突然增加较多,分布范围较广,一般支座受拉钢筋先于受压钢梁下翼缘屈服;当力比R较大时,情况相反。预应力钢-混凝土组合连续梁中支座负弯矩受拉钢筋屈服顺序由力比R与预应力等效轴向荷载共同控制。

10.1.6 抗剪连接件刚度

预应力钢-轻骨料混凝土组合连续梁的正弯矩和负弯矩的剪力连接件发挥的作用是不一样的,在正弯矩区内,剪力连接件使混凝土受压;在负弯矩区内,混凝土开裂后退出工作,降低了剪力连接件的传力程度。所以在进行组合连续梁的剪力连接件的设计时,应分段进行设计。如果组合连续梁的抗剪连接件刚度较大、栓钉布置较密时,对正弯矩区混凝土板的约束、嵌固作用将很强,使得混凝土板的受力较为均匀,裂缝的间距较小且分布较为均匀,钢梁与混凝土板之间的相对滑移也变小,产生的附加挠度变小。

10.2 体外预应力钢-轻骨料混凝土组合连续梁变形性能

体外预应力钢-轻骨料混凝土组合连续梁性能的影响因素包括施工方法、体外预应力筋的布置形式、转向器的设置、施加的有效预应力大小、剪力连接件的数量及布置、预应力筋应力增量、施加荷载后预应力筋的二次弯矩、超静定结构产生的次内力和钢与混凝土之间的滑移等诸多因素。而前六项在施工阶段已经完成,因此,在进行挠度计算时主要是后几项的影响。由于预应力组合梁的挠度较小,故不考虑预应力筋的二次弯矩的影响。本章将对连续梁的次内力、预应力钢筋的应力增量、钢与混凝土之间的滑移进行分析。

10.2.1 体外预应力筋的次内力分析

对体外预应力筋的基本假设如下。

（1）预应力筋是理想柔性的，既不能受压也不能抗弯。预应力筋的截面尺寸与长度相比十分微小，因而在计算中可不考虑截面的抗弯刚度。

（2）预应力筋的材料符合虎克定律。

（3）仅考虑预应力筋的竖向位移，忽略水平位移。

预应力组合连续梁在内外因素的综合作用下，结构因受到强迫的挠曲变形或轴向伸缩变形，在结构多余约束处产生多余的约束力，从而引起结构的附加内力，这部分附加内力称为结构次内力[104]。在超静定次数不高时，用力法求解预加力的次内力比较简单，但当结构的超静定次数较高时，则计算比较复杂，因此对多跨连续梁宜采用力矩分配法，本书针对两跨连续梁采用力法进行计算。

1）直线配筋的两跨预应力钢-轻骨料混凝土组合连续梁。

如图10.2所示，直线形布筋的两跨组合连续梁用力法计算次内力如下。

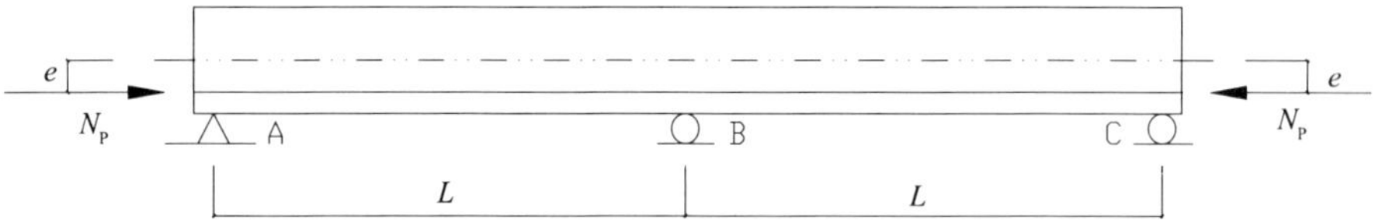

图10.2 直线型布筋图

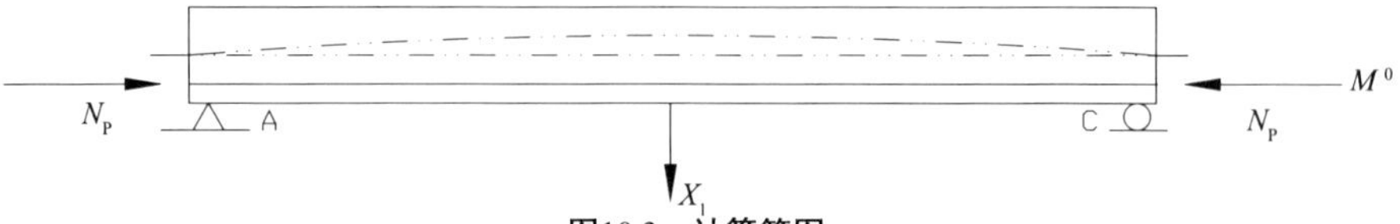

图10.3 计算简图

$$M^0 = -N_p \cdot e$$

$$X_1 = \frac{\Delta_{1p}}{\delta_{11}}$$

$$\Delta_{1p} = -\frac{1}{EI} \times \frac{1}{2} \times \frac{l}{2} \times 2l \times N_p \times e = -\frac{N_p \cdot l^2 \cdot e}{2EI}$$

$$\delta_{11} = 2 \times \frac{1}{2} \times \frac{l}{2} \times l \times \frac{2}{3} \times \frac{l}{2} \times \frac{1}{EI} = \frac{l^3}{6EI}$$

$$X_1 = \frac{3N_p \cdot e}{l}$$

$$M = M^0 + M'$$

$$M_B = -N_p \cdot e + \frac{3}{2}N_p \cdot e = \frac{1}{2}N_p \cdot e \tag{10.1}$$

式中：M^0——初预矩，即预加力在基本体系中产生的内力矩；

M'——次力矩，预加力在超静定结构中产生的附加内力矩。

2）折线形配筋的两跨预应力钢-轻骨料混凝土组合连续梁。

如图10.4所示，折线形布筋的两跨预应力钢-轻骨料混凝土组合连续梁用力法计算次内力如下。

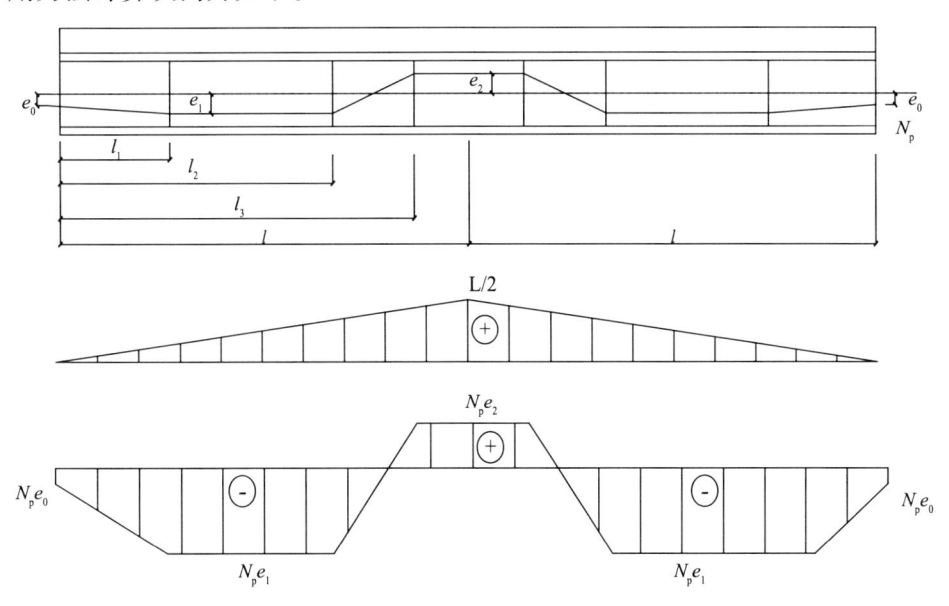

图10.4 计算简图

$$\delta_{11} = \frac{2}{EI}[\frac{1}{2} \times l \times \frac{l}{2} \times \frac{2}{3} \times \frac{l}{2}] = \frac{l^3}{6EI}$$

$$\delta_{1p} = \frac{N_p}{EI}\left[-\frac{l_2^2}{2} - \frac{l_1^2}{3}(e_1 - e_0) - \frac{1}{2}(l_2^2 - l_1^2)(e_1 - e_0) - \frac{l_3 - l_2}{e_1 + e_0}\left(\frac{l_2}{2} + \frac{(l_3 - l_2)e_1}{6(e_1 + e_0)}\right) + \frac{(l_3 - l_2)}{e_1 + e_2}\left(\frac{l_3}{2} - \frac{(l_3 - l_2)e_2}{3(e_1 + e_0)}\right)\right]$$

$$x_1 = \frac{N_p}{l^3}\left[3l_2^2 + 2l_1^2(e_1 - e_0) + 3(l_2^2 - l_1^2)(e_1 - e_0) + \frac{l_3 - l_2}{e_1 + e_0}\left(3l_2 + \frac{(l_3 - l_2)e_1}{(e_1 + e_0)}\right) + \frac{(l_3 - l_2)}{e_1 + e_2}\left(3l_3 - \frac{2(l_3 - l_2)e_2}{(e_1 + e_0)}\right)\right]$$

则中支座处的弯矩为

$$M = \frac{N_p}{2l^2}\left[3l_2^2 + 2l_1^2(e_1 - e_0) + 3(l_2^2 - l_1^2)(e_1 - e_0) + \frac{l_3 - l_2}{e_1 + e_0}\left(3l_2 + \frac{(l_3 - l_2)e_1}{(e_1 + e_0)}\right) + \frac{(l_3 - l_2)}{e_1 + e_2}\left(3l_3 - \frac{2(l_3 - l_2)e_2}{(e_1 + e_0)}\right)\right] + N_p e_2$$

（10.2）

10.2.2 预应力筋的应力增量

1. 预应力筋的受力分析[105]

在实际问题中，预应力筋由初始状态转变到一个新的状态，可称为"最终状态"或荷载状态（简称为"终态"）。预应力筋由初始状态转变到终态时，预应力筋的内力和位置都有变化。因此求解预应力筋终态的内力和位移成为分析预应力筋受力的重点。假设预应力筋的曲线形状可由方程 $z = z(x)$ 表示，由于预应力筋是理想柔性的，预应力筋的张力 T 只能沿预应力筋的切线方向作用。在外荷载作用下，预应力筋应变 ε_s 可由下式计算，即

$$\varepsilon_s = \mathrm{d}s - \mathrm{d}s_0$$

式中：$\mathrm{d}s$——预应力筋在荷载作用后的微段长度；

$\mathrm{d}s_0$——预应力筋在初始状态下的微段长度。

预应力筋长度的计算如下。

预应力筋长度计算简图如图10.5所示。

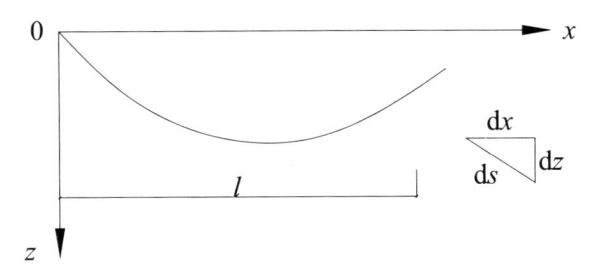

图10.5 预应力筋长度计算简图

预应力筋微分单元的长度为

$$ds = \sqrt{dx^2 + dz^2} = \sqrt{1+(\frac{dz}{dx})^2}\,dx \qquad (10.3)$$

整根预应力筋的长度可由式（10.3）积分求得

$$s = \int_0^l ds = \int_0^l \sqrt{1+(\frac{dz}{dx})^2}\,dx$$

积分函数中的 $\sqrt{1+(dz/dx)^2}$ 是无理式积分较复杂，在实际问题中，预应力筋的垂度不大，将其按级数展开，在实际计算中根据预应力筋的垂度大小，可仅取两项，即可达到必需的精度。这时预应力长度的计算公式可简化成如下形式

$$s = \int_0^l [1+\frac{1}{2}(\frac{dz}{dx})^2]\,dx$$

预应力筋由始态过渡到终态时，假设两端支座不产生位移，在此过程中没有温度变化，其长度变为 ds，则

$$ds - ds_0 = \sqrt{1+(\frac{dz}{dx})^2} - \sqrt{1+(\frac{dz_0}{dx})^2}$$

对于小垂度问题中，可将上式中的根号展开，并保留微量的第一项，可得下式，即

$$ds - ds_0 = \frac{1}{2}(\frac{dz}{dx})^2 - \frac{1}{2}(\frac{dz_0}{dx})^2$$

则预应力筋的应变为

$$\varepsilon_s = \mathrm{d}s - \mathrm{d}s_0 = \frac{1}{2}(\frac{\mathrm{d}z}{\mathrm{d}x})^2 - \frac{1}{2}(\frac{\mathrm{d}z_0}{\mathrm{d}x})^2$$

整根预应力筋的总伸长为

$$\Delta s = \frac{1}{2}\int_0^l [(\frac{\mathrm{d}z}{\mathrm{d}x})^2 - (\frac{\mathrm{d}z_0}{\mathrm{d}x})^2]\mathrm{d}x \tag{10.4}$$

积分号上方的 l 表示沿整个跨长积分。如果将 $z = z_0 + w$ 代入式（10.4）得

$$\Delta s = \int_0^l [\frac{\mathrm{d}z_0}{\mathrm{d}x} \cdot \frac{\mathrm{d}w}{\mathrm{d}x} + \frac{1}{2}(\frac{\mathrm{d}w}{\mathrm{d}x})^2]\mathrm{d}x \tag{10.5}$$

则预应力钢筋的应变能为

$$U = \int_0^l (T + \frac{\Delta T}{2})(z_0' w' + \frac{1}{2}w'^2)\mathrm{d}x \tag{10.6}$$

其中，T 为初始预应力，ΔT 为应力增量。

2. 折线型体外预应力钢-轻骨料混凝土组合连续梁预应力筋应力增量

由于体外预应力钢筋与组合梁之间无黏结，所以二者在截面上不存在简单的变形协调关系。为计算预应力筋的应力增量，现进行如下假设。

（1）结构为预应力钢筋、轻骨料混凝土和钢梁组成的组合体系，三种材料都看成是弹性的。

（2）预应力与转向块之间是可以自由滑动的，不计摩擦的影响。

（3）体外预应力筋在各分段内始终保持为直线，只有斜率发生改变。

（4）体外预应力筋的内力沿长度方向不变。

（5）体外预应力组合梁的加载和变形是对称的，在支点处竖向位移为零。

以轻骨料组合梁的中和轴为 x 轴，左侧支座处为 y 轴，建立直角坐标系如图10.6所示，则初始状态下预应力筋的曲线方程表示如下。

10 体外预应力钢-轻骨料混凝土组合连续梁变形性能

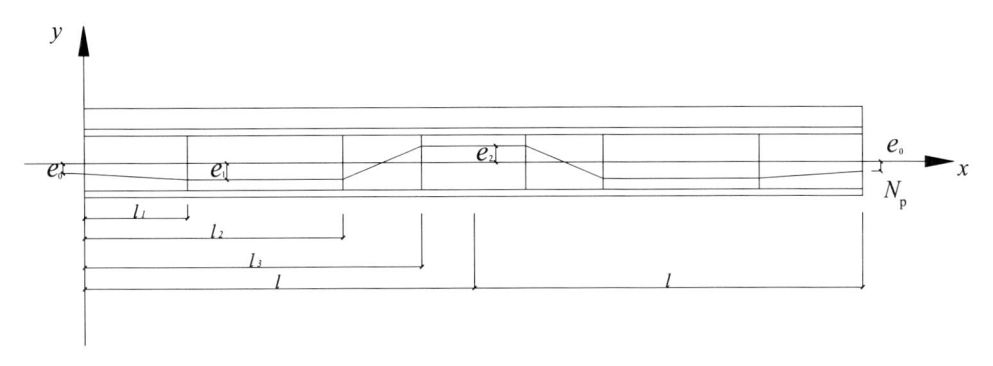

图10.6 计算简图

则预应力筋的函数表达如下：（由于对称结构只取一跨进行分析）

当 $0 \leqslant x \leqslant l_1$ 时 $\qquad e_y = -\dfrac{e_1+e_2}{l_1}x + e_0$

当 $l_1 \leqslant x \leqslant l_2$ 时 $\qquad e_y = -e_1$ （10.7）

当 $l_2 \leqslant x \leqslant l_3$ 时 $\qquad e_y = \dfrac{e_1+e_2}{l_3-l_2}x - \dfrac{e_1+e_2}{l_3-l_2}l_2$

当 $l_3 \leqslant x \leqslant l$ 时 $\qquad e_y = e_2$

两跨钢-混凝土组合连续梁在没有预应力筋作用时，为一次超静定结构。如图10.7所示，求解支座反力如下。

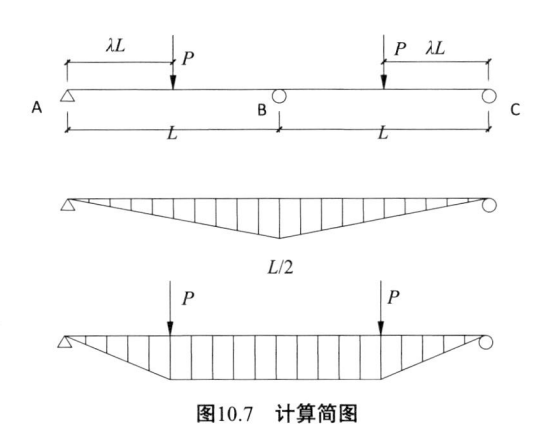

图10.7 计算简图

$$\delta_{11} = \frac{l^3}{6EI}$$

$$\Delta_{1p} = \frac{1}{EI}\left[\frac{\lambda^3 l^3}{3}P + \frac{1}{4}(1-\lambda^2)\lambda Pl^3\right]$$

$$x_1 = -\frac{\lambda P}{2}(\lambda^2 + 3)$$

两侧支座反力为

$$F_A = F_c = \frac{P}{4}\left[4 - \lambda(\lambda^2 + 3)\right]$$

中间支座反力为 $F_B = \dfrac{\lambda P}{2}(\lambda^2 + 3)$

则截面弯矩表达如下（由于结构对称取一跨进行分析）

当 $0 \leqslant x \leqslant \lambda l$ 时，
$$M = \frac{Px}{4}\left[4 - \lambda(\lambda^2 + 3)\right] \tag{10.8}$$

当 $\lambda l \leqslant x \leqslant l$ 时，
$$M = \frac{Px}{4}\left[4 - \lambda(\lambda^2 + 3)\right] - P(x - \lambda l) \tag{10.9}$$

在不考虑组合梁剪切滑移变形，沿梁长用应变能原理来计算应力增量。外力所做的功为

$$U = \frac{1}{2E_s I_0}\int_0^l (M - \Delta T e_y)\mathrm{d}x + \frac{\Delta T^2 l}{2E_s A_0} + \frac{\Delta T^2 l_p}{2E_p A_p} \tag{10.10}$$

式中：I_0 为组合梁换算截面惯性矩；e_p 为预应力筋到中和轴的距离；A_0 为换算截面面积；l、l_p 为组合梁的梁长、预应力筋的长度；E_s、E_p 为钢梁、预应力筋的弹性模量；A_s、A_p 为换算截面面积、预应力筋的面积。

式（10.10）对 ΔT 微分，令 $\partial U / \partial \Delta T = 0$ 得

$$\Delta T = \frac{\int_0^l M e_y dx}{\int_0^l e_y^2 dx + I_0 \left[\frac{l}{A_0} + \frac{l_0}{E_p A_p} \right]} \quad (10.11)$$

式中，M、e_y 可以由式（10.7）、式（10.8）、式（10.9）积分求得。

10.2.3 预应力钢-轻骨料混凝土组合连续梁挠度计算

预应力钢筋的应变能为

$$U_1 = \int_0^{2l} (T + \frac{\Delta T}{2})(z_0' w' + \frac{1}{2} w'^2) dx$$

钢梁的弯曲应变能为

$$U_2 = \frac{1}{2} \int_0^{2l} E_s I_s w''^2 dx$$

混凝土板弯曲应变能（假设混凝土和钢梁之间没有竖向掀起）如下

$$U_3 = \frac{1}{2} \int_0^{2l} E_c I_c w''^2 dx$$

外力所做功为 $\quad U_4 = -\int_0^{2l} (p+q) w dx$

体外预应力钢-轻骨料混凝土组合连续梁总势能为

$$U = U_1 + U_2 + U_3 + U_4$$

$$U = \int_0^{2l} (T + \frac{\Delta T}{2})(z_0' w' + \frac{1}{2} w'^2) dx + \frac{1}{2} \int_0^{2l} E_s I_s w''^2 dx + \frac{1}{2} \int_0^{2l} E_c I_c w''^2 dx - \int_0^{2l} (p+q) w dx$$

根据变分原理 $\delta U = 0$，得

$$\delta U = \int_0^{2l} (T + \frac{\Delta T}{2})(Z_0' \delta w' + w' \delta w') dx + \int_0^{2l} (E_s I_s + E_c I_c) w'' \delta w'' dx - \int_0^{2l} (p+q) \delta w dx$$

得

$$\delta U = (T + \frac{\Delta T}{2})(Z_0' + w') \delta w \Big|_0^{2l} - \int_0^{2l} (T + \frac{\Delta T}{2})(Z_0' + w'') \delta w dx + (E_c I_c + E_s I_s) w'' \delta w' \Big|_0^{2l}$$
$$- (E_c I_c + E_s I_s) w''' \delta w \Big|_0^{2l} + \int_0^{2l} (E_c I_c + E_s I_s) w'''' \delta w dx - \int_0^{2l} (p+q) \delta w dx = 0$$

$$(10.12)$$

由式（10.12）得控制微分方程如下

$$(E_s I_s + E_c I_c) w'''' - (T + \frac{\Delta T}{2})(Z_0'' + w'') = p + q \quad (10.13)$$

求解微分方程如下。设

$$A = \frac{T + \Delta T/2}{E_s I_s + E_c I_c}, \quad B = \frac{p + q + (T + \Delta T/2)Z_0''}{E_s I_s + E_c I_c} \qquad (10.14)$$

则方程式（10.13）变为

$$w = C_1 + C_2 x + C_3 e^{x\sqrt{A}} + C_4 e^{-x\sqrt{A}} - \frac{B}{2A}x^2 \qquad (10.15)$$

求解微分方程式（10.15），得

$$w = C_1 + C_2 x + C_3 e^{x\sqrt{A}} + C_4 e^{-x\sqrt{A}} - \frac{B}{2A}x^2 \qquad (10.16)$$

当 $x = 0$ 时，$w = 0$，得

$$w = C_1 + C_3 + C_4 = 0 \qquad (10.17)$$

当 $x = l$ 时，$w = 0$，得

$$w = C_1 + C_2 l + C_3 e^{l\sqrt{A}} + C_4 e^{-l\sqrt{A}} - \frac{B}{2A}l^2 \qquad (10.18)$$

由对称结构在对称荷载作用下，得 $w'(l) = 0$、$w''(l) = 0$，即

$$C_2 + \sqrt{A} C_3 e^{l\sqrt{A}} - \sqrt{A} C_4 e^{-l\sqrt{A}} - \frac{B}{A}l = 0 \qquad (10.19)$$

$$AC_3 e^{l\sqrt{A}} + AC_4 e^{-l\sqrt{A}} - \frac{B}{A} = 0 \qquad (10.20)$$

由式（10.16）至式（10.20）得

$$C_1 = -\frac{B}{A^2} e^{-l\sqrt{A}} - \frac{\frac{B}{A^2}(1 - l\sqrt{A} - e^{-l\sqrt{A}}) + \frac{B}{2A}l^2}{e^{-2l\sqrt{A}} + 2l\sqrt{A} e^{-l\sqrt{A}} - 1} \left(e^{-2l\sqrt{A}} - 1 \right)$$

$$C_2 = -\frac{B}{A^{\frac{3}{2}}} - 2e^{-l\sqrt{A}} \frac{\frac{B}{A^2}\left(1 - l\sqrt{A} - e^{-l\sqrt{A}}\right) + \frac{B}{2A}l^2}{2l\sqrt{A} e^{-l\sqrt{A}} + e^{-2l\sqrt{A}} - 1} + \frac{B}{A}l$$

$$C_3 = \frac{B}{A^2} e^{-l\sqrt{A}} + \frac{\frac{B}{A^2}\left(1 - l\sqrt{A} - e^{-l\sqrt{A}}\right) + \frac{B}{2A}l^2}{2l\sqrt{A} e^{-l\sqrt{A}} + e^{-2l\sqrt{A}} - 1} e^{-2l\sqrt{A}} \qquad (10.21)$$

$$C_4 = -\frac{\frac{B}{A^2}\left(1-l\sqrt{A}-\mathrm{e}^{-l\sqrt{A}}\right)+\frac{B}{2A}l^2}{2l\sqrt{A}\mathrm{e}^{-l\sqrt{A}}+\mathrm{e}^{-2l\sqrt{A}}-1}$$

得不考虑滑移时的挠度方程为

$$W = -\frac{B}{A^2}\mathrm{e}^{-l\sqrt{A}} - \frac{\frac{B}{A^2}\left(1-l\sqrt{A}-\mathrm{e}^{-l\sqrt{A}}\right)+\frac{B}{2A}l^2}{\mathrm{e}^{-2l\sqrt{A}}+2l\sqrt{A}\mathrm{e}^{-l\sqrt{A}}-1}\left(\mathrm{e}^{-2l\sqrt{A}}-1\right) +$$

$$\left[-\frac{B}{A^{\frac{3}{2}}}-2\mathrm{e}^{-l\sqrt{A}}\frac{\frac{B}{A^2}\left(1-l\sqrt{A}-\mathrm{e}^{-l\sqrt{A}}\right)+\frac{B}{2A}l^2}{2l\sqrt{A}\mathrm{e}^{-l\sqrt{A}}+\mathrm{e}^{-2l\sqrt{A}}-1}+\frac{B}{A}l\right]x$$

$$+\left[\frac{B}{A^2}\mathrm{e}^{-l\sqrt{A}}+\frac{\frac{B}{A^2}\left(1-l\sqrt{A}-\mathrm{e}^{-l\sqrt{A}}\right)+\frac{B}{2A}l^2}{2l\sqrt{A}\mathrm{e}^{-l\sqrt{A}}+\mathrm{e}^{-2l\sqrt{A}}-1}\mathrm{e}^{-2l\sqrt{A}}\right]\mathrm{e}^{x\sqrt{A}} \quad (10.22)$$

$$-\left[\frac{\frac{B}{A^2}\left(1-l\sqrt{A}-\mathrm{e}^{-l\sqrt{A}}\right)+\frac{B}{2A}l^2}{2l\sqrt{A}\mathrm{e}^{-l\sqrt{A}}+\mathrm{e}^{-2l\sqrt{A}}-1}\right]\mathrm{e}^{-x\sqrt{A}} - \frac{B}{2A}x^2$$

由文献[98]得滑移效应引起的附加挠度公式为

$$\Delta f = \frac{\beta P\left[\frac{l}{2}+\frac{1-\mathrm{e}^{\alpha l}}{a(1+\mathrm{e}^{\alpha l})}\right]}{2h} \quad (10.23)$$

式中，l表示跨长，h为组合梁截面高度，n为钢梁和混凝土弹性模量比，$\alpha^2=\frac{KA_1}{E_s I_0 p}$，$\beta=\frac{hp}{2kA_1}$，$A_1=\frac{I_0}{A_0}+(\frac{h}{2})^2$ $\frac{1}{A_0}=\frac{1}{A_s}+\frac{n}{A_c}$

参考文献[79]认为在正弯矩区的钢与混凝土交界面存在较大的相对滑移，负弯矩区的滑移相对较小。考虑实际受力情况和实用的方便，近似取βL范围以外的刚度为折减刚度，而βL范围内的刚度仅考虑钢梁和钢筋的作用，实用中可取β=0.15。

则对于体外预应力钢-轻骨料混凝土组合连续梁的挠度公式如下

$$W = W_1 + \Delta f \quad (10.24)$$

其中，W_1 可由式（10.11）、式（10.14）、式（10.22）求得，Δf 可由式（10.23）求得，则挠度公式为

$$\begin{aligned}W = &-\frac{B}{A^2}e^{-l\sqrt{A}} - \frac{\frac{B}{A^2}(1-l\sqrt{A}-e^{-l\sqrt{A}})+\frac{B}{2A}l^2}{e^{-2l\sqrt{A}}+2l\sqrt{A}e^{-l\sqrt{A}}-1}(e^{-2l\sqrt{A}}-1)\\ &+\left[-\frac{B}{A^{\frac{3}{2}}}-2e^{-l\sqrt{A}}\frac{\frac{B}{A^2}(1-l\sqrt{A}-e^{-l\sqrt{A}})+\frac{B}{2A}l^2}{2l\sqrt{A}e^{-l\sqrt{A}}+e^{-2l\sqrt{A}}-1}+\frac{B}{A}l\right]x\\ &+\left[\frac{B}{A^2}e^{-l\sqrt{A}}+\frac{\frac{B}{A^2}(1-l\sqrt{A}-e^{-l\sqrt{A}})+\frac{B}{2A}l^2}{2l\sqrt{A}e^{-l\sqrt{A}}+e^{-2l\sqrt{A}}-1}e^{-2l\sqrt{A}}\right]e^{x\sqrt{A}}\\ &-\left[\frac{\frac{B}{A^2}(1-l\sqrt{A}-e^{-l\sqrt{A}})+\frac{B}{2A}l^2}{2l\sqrt{A}e^{-l\sqrt{A}}+e^{-2l\sqrt{A}}-1}\right]e^{-x\sqrt{A}}-\frac{B}{2A}x^2+\frac{\beta P\left[\frac{l}{2}+\frac{1-e^{\alpha l}}{a(1+e^{\alpha l})}\right]}{2h}\end{aligned} \quad (10.25)$$

10.2.4 小结

本节分析了体外预应力钢-轻骨料混凝土组合梁的施工方法、预应力布筋形式、二次弯矩、预应力度与初始有效轴压比、力比 R 和抗剪连接刚度等因素对挠度的影响。对折线型布筋的预应力两跨组合连续梁进行了分析，采用弹性理论分析了预应力两跨组合连续梁的预应力钢筋的应力增量，预应力钢筋的应力增量问题是体外预应力钢-轻骨料混凝土组合梁不可忽略的；并运用能量变分法得到其挠度方程，计算结果与试验值、有限元计算值吻合较好。

10.3 体外预应力钢-轻骨料混凝土组合连续梁试验分析

10.3.1 试件设计与制作

结构试验一般可分为试验规划与设计、试验技术准备、试验过程、试验数据分析与总结等四个阶段。试件设计的基本原则：真实模拟结构所处的环境和结构所受到的荷载、消除次要因素影响、将结构反应视为随机变量、合理选择试验参数、统一测试方法和评价标准、降低试验成本和提高试验效率。试件的设计应包括试件形状的选择、试件尺寸与数量以及构造措施等，同时还必须满足结构与受力的边界条件、试件的破坏特征、试验加载条件的要求，使试验能正确的反映实际，以达到研究任务的需要。

试件总长度为5.2m，轻骨料混凝土翼板宽度为1000mm，厚度为100mm，钢梁采用焊接工字钢，高度为250mm，翼缘宽度为200mm，厚度为12mm，腹板厚度为8mm，体外预应力筋采用2根$1 \times 7\Phi^s15.2$的钢绞线，在预应力连续梁的设计中，对预应力筋的合理布置一般都是：在支座截面尽可能设置于梁的上缘，而在跨中截面尽量设置于梁的下缘，使得两者都有较大的偏心距，以充分发挥预应力筋在预应力结构中的最佳效果和提高截面的抗弯能力。折线形式布置试件的尺寸及截面形式如图10.8和图10.9所示。

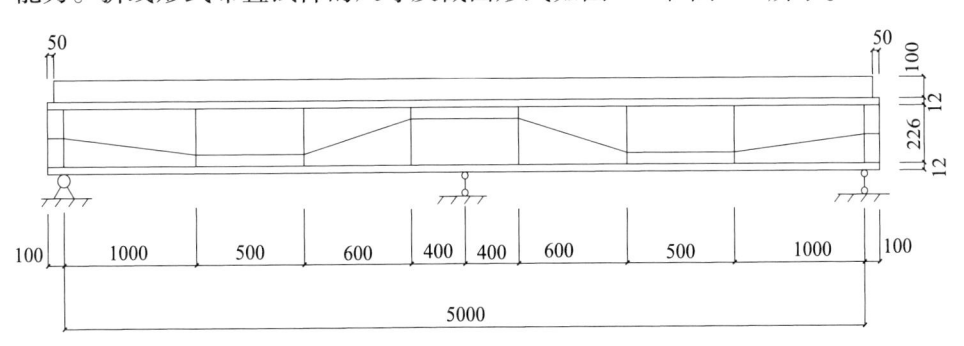

图10.8 体外预应力钢-轻骨料混凝土组合连续梁试件图

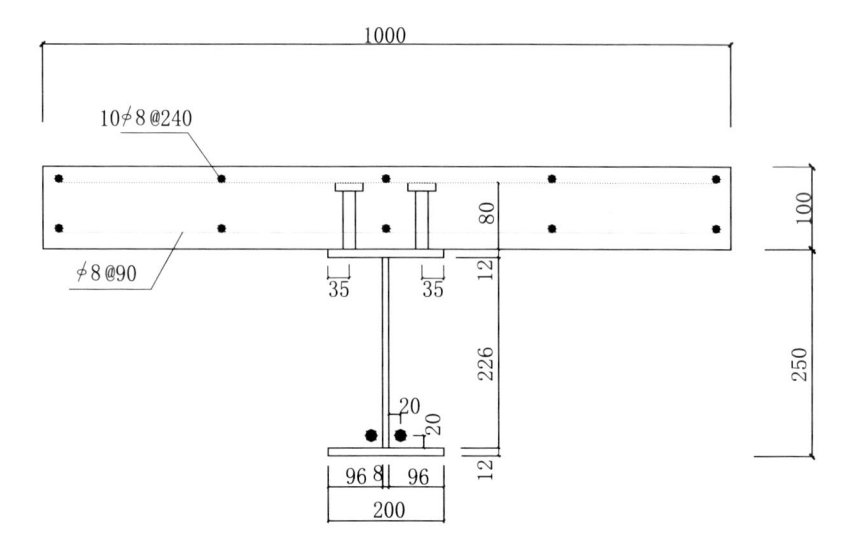

图10.9　组合梁正弯矩区段横截面图

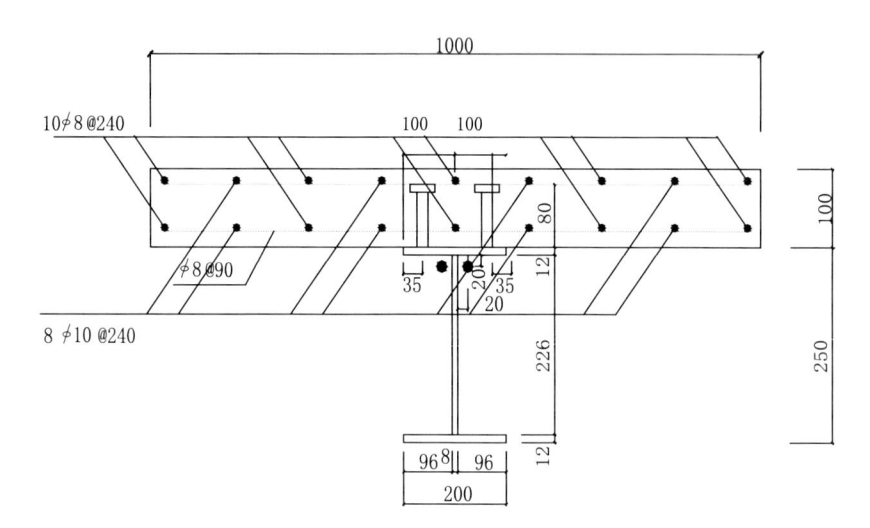

图10.10　组合梁负弯矩区段横截面图

10.3.2　轻骨料翼板有效翼缘宽度

轻骨料混凝土翼板有效翼缘宽度b_e按下式计算[18]

$$b_e = b_0 + b_1 + b_2$$

式中：b_0——板托顶部的宽度，当板托倾角 $\alpha < 45°$ 时应按 $\alpha = 45°$ 计算板托顶部的宽度，当无板托时则取钢梁上翼缘的宽度；

b_1、b_2——梁外侧和内侧的翼板计算宽度，各取梁跨度 l 的1/6和翼板厚度 h_{c1} 的6倍较小值，此外，b_1 尚不应超过翼板实际外伸宽度 S_1，b_2 不应超过相邻钢梁上翼缘或板托间净距 S_0 的1/2，当为中间梁时公式中的 b_1 等于 b_2。

10.3.3 轻骨料混凝土的配合比设计

采用标号为62.5的普通硅酸盐水泥、普通砂、圆粒形页岩陶粒。圆粒形页岩陶粒的性能参数见表10.1。轻骨料混凝土配合比设计方法有两种：绝对体积法和松散体积法。在实际工程中多采用松散体积法进行轻骨料混凝土配合比设计，试件的轻骨料混凝土配合比设计如下[26]。

先确定配置强度。

$$f_{cu0} \geqslant f_{cu,k} + 1.645\delta = 30 + 1.645 \times 5 = 38.225 \text{ Mpa}$$

（1）确定水泥用量 m_c =490 kg/m³。

（2）确定净用水量240 kg/m³。

（3）确定砂率 45%。

（4）确定骨料用量。

采用松散体积法计算。

（粗细骨料总体积 1.10 m³）

$v_s = v_t \times s_p = 1.1 \times 45\% = 0.495 \text{ m}^3$

$m_t = v_s \times \rho_{1s} = 0.495 \times 1450 = 717.75 \text{ kg}$（细骨料）

$v_t = v_t - v_s = 1.1 - 0.495 = 0.605 \text{ m}^3$

$m_{wt} = m_{wt} \times \rho_{1a} = 0.605 \times 780 = 472 \text{ kg}$（粗骨料）

（5）计算总用水量。

$m_{wt} = m_{wa} + m_{wn}$

（6）干表观密度。

$p_{cd} = 1.15 m_c + m_a + m_t = 1.15 \times 490 + 472 + 717.75 = 1753.25 \text{ kg/m}^3$

粗骨料预湿所以陶粒用量 $0.5 \times 472 = 236 \text{kg}$

砂用量 $0.5 \times 717.75 = 358.9 \text{kg}$

水泥用量 $0.5 \times 490 = 245 \text{kg}$

用水量 $0.5 \times 240 = 120 \text{kg}$

（7）外加剂的用量。

为了提高轻骨料混凝土的性能，按水泥用量的1%加入高效萘系减水剂。

10.3.4 剪力连接件的计算

正弯矩区采用塑性方法设计，按均匀布置栓钉设计。栓钉采用4.6级，$\phi 19 \times 80$，栓钉的抗剪设计值为

$$N_v^C = 0.43 A_S \sqrt{E_c f_c} = 0.43 \times 283.5 \times \sqrt{2.212 \times 10^4 \times 14.3} = 68.6 \text{kN}$$

$$\leqslant 0.7 A_s \gamma f = 0.7 \times \frac{3.1415 \times 19^2}{4} \times 1.67 \times 215 = 69.6 \text{kN}$$

$V_s = Af = 6608 \times 215 = 1387680 \text{N} = 1387.7 \text{kN}$

$V_s = A_e h f_c = 1000 \times 100 \times 14.3 = 1287 \text{kN}$

所以，取 $V_s = 1287 \text{kN}$

将连续组合梁按最大正弯矩和最大负弯矩划分区段，然后在每一个区段内均匀布置连接件，则

正弯矩段：$n = \dfrac{T_1}{N_v^c} = \dfrac{1287}{68.6} = 18.8$ 个，取20个。

剪跨区取1250mm，正弯矩区采用双排布置。

栓钉间距：$\dfrac{1250}{9} = 138.8 \text{mm}$，取140mm。

则栓钉间距为

负弯矩段：$n = \dfrac{T_2}{N_v^c} = \dfrac{210 \times 911}{68.6 \times 10^3} = 2.7$，取4。

则负弯矩段总需8个，负弯矩区也采用双排布置。

栓钉间距：$\dfrac{400}{2.5} = 160\text{mm}$，取160mm。

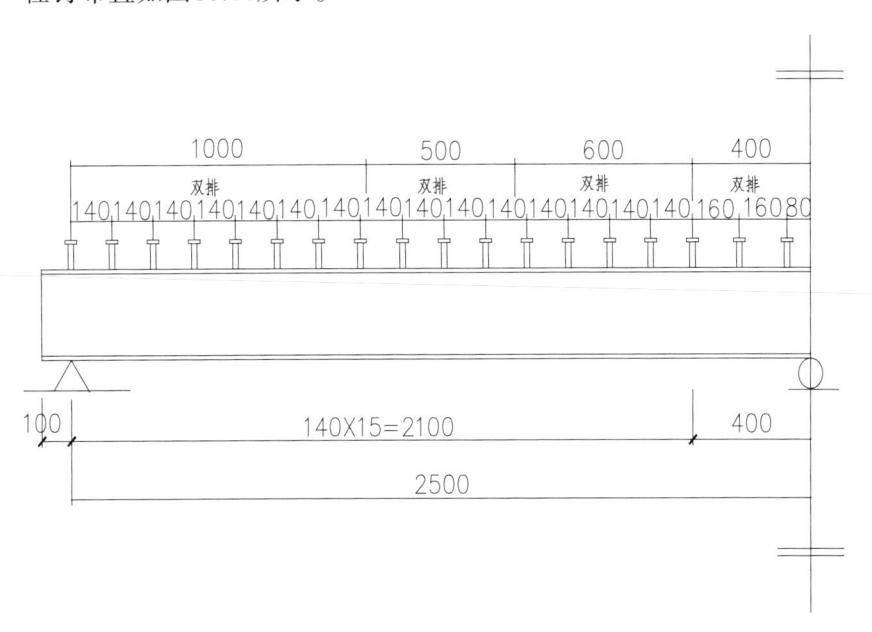

栓钉布置如图10.11所示。

图10.11 栓钉布置图

10.3.5 试验材料

预应力筋采用2根1×7Φ*15.2的钢绞线，公称直径15.2mm，公称截面面积139mm²，理论重量1.101kg/m，钢筋强度标准值f_{pk}=1860N/mm²；试件采用焊接工字钢梁Q235B；剪力连接件（栓钉）采用直径为φ19，在浇筑混凝土的同时制作了相应的立方体试块。材料性能参数见表10.1至表10.3，其性能测试及实物如图10.12至图10.15所示。

钢-轻骨料混凝土组合梁试验与分析

表10.1 钢梁材料力学性能参数

项 目		抗拉强度/MPa	屈服强度/MPa	伸长率/%	收缩率/%
实测值	1	521	373	28.6	55.97
	2	542	377	29.5	52.74
	3	505	360	28.1	61.56
平均值		523	371	28.7	56.76

表10.2 陶粒骨料的性能参数

材料名称	筒压强度/MPa	松散容重/kg/m³	粒径/mm	1h吸水率/%
陶粒	6.1	780	5~16	15

表10.3 轻骨料混凝土试块强度实测值

序号	试块尺寸/ mm×mm×mm	极限荷载/kN	极限抗压强度 （N/mm²）	平均值 （N/mm²）	总平均值
第一组	150×150×150	801	35.6	37.3	38.3
	150×150×150	827	36.7		
	150×150×150	889	39.5		
第二组	150×150×150	830	36.9	38.5	
	150×150×150	844	37.5		
	150×150×150	927	41.2		
第三组	150×150×150	815	36.2	39.0	
	150×150×150	903	40.0		
	150×150×150	926	41.2		

图10.12 钢材性能测试　　图10.13 栓钉性能测试

图10.14 混凝土板内配筋照片　　图10.15 陶粒实物照片

10.3.6 加载工况

采用两点对称加载，在每跨的跨中位置加载，加载工况如图10.16所示。

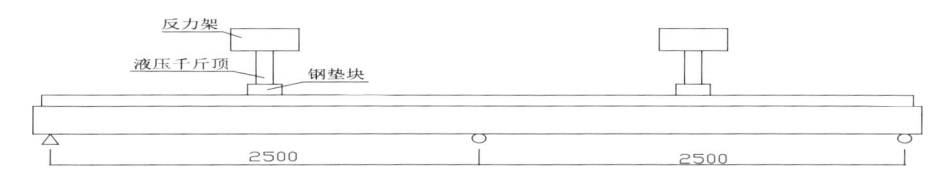

（a）侧视图

(b)俯视图

图10.16 加载设备布置图

10.3.7 测点布置图

在预应力组合连续梁每跨跨中、距中支座$0.15L$范围内和钢梁应变片布置如图10.17所示，百分表布置如图10.18所示。

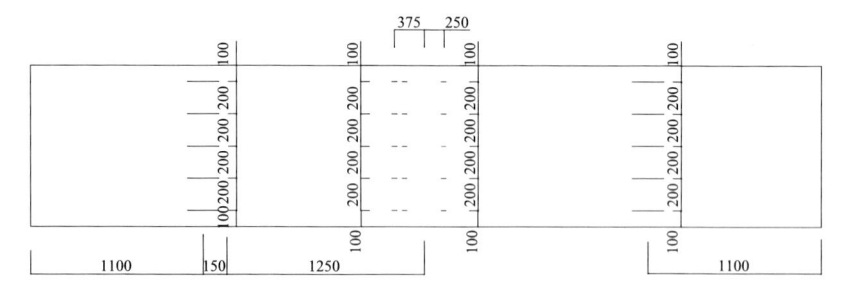

(a)混凝土板上表面应变测点布置

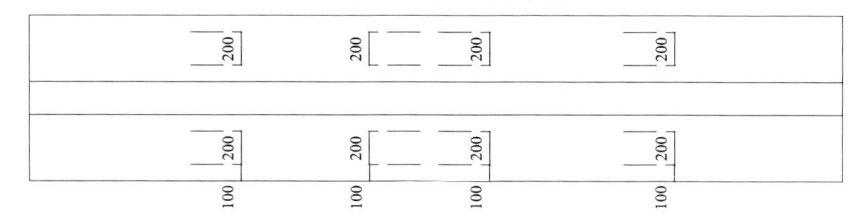

(b)混凝土板下表面应变测点布置

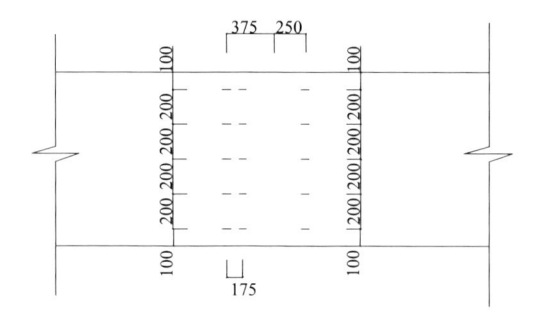

(c)混凝土板中间支座$0.15L$范围内测点布置

10 体外预应力钢-轻骨料混凝土组合连续梁变形性能

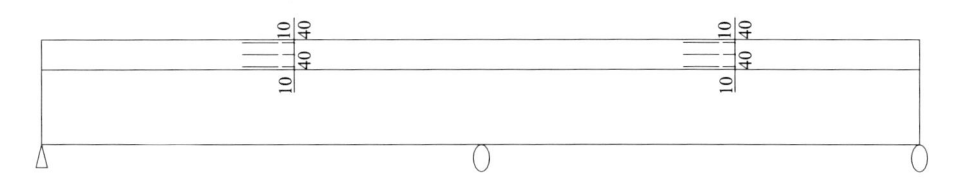

（d）混凝土板侧面测点布置

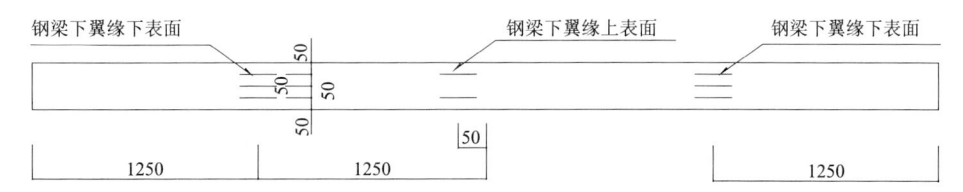

（e）钢梁下翼缘测点布置

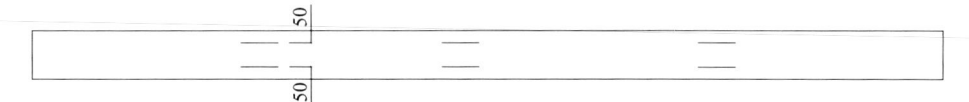

（f）钢梁上翼缘测点布置

（g）钢梁腹板测点布置

图10.17 测点布置图

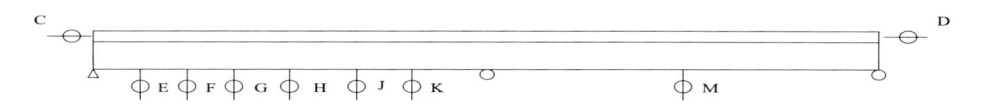

图10.18 百分表布置图

10.3.8 试验结果分析

试验测试过程如图10.19所示，加载到本次试验的最大值时，中间支座混凝土板表面裂缝、加载点下混凝土板裂缝如图10.20和图10.21所示。

图10.19 试验全景图

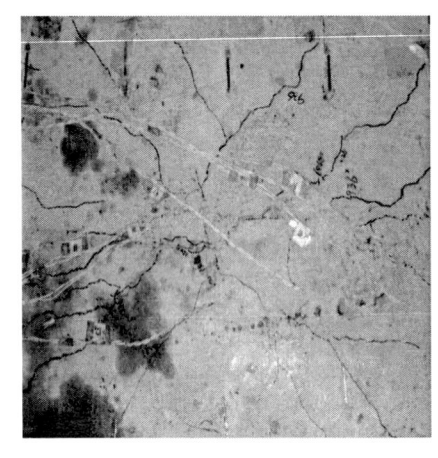

图10.20 中间支座裂缝照片 　　图10.21 加载点下混凝土板底裂缝照片

1.跨中荷载-挠度曲线

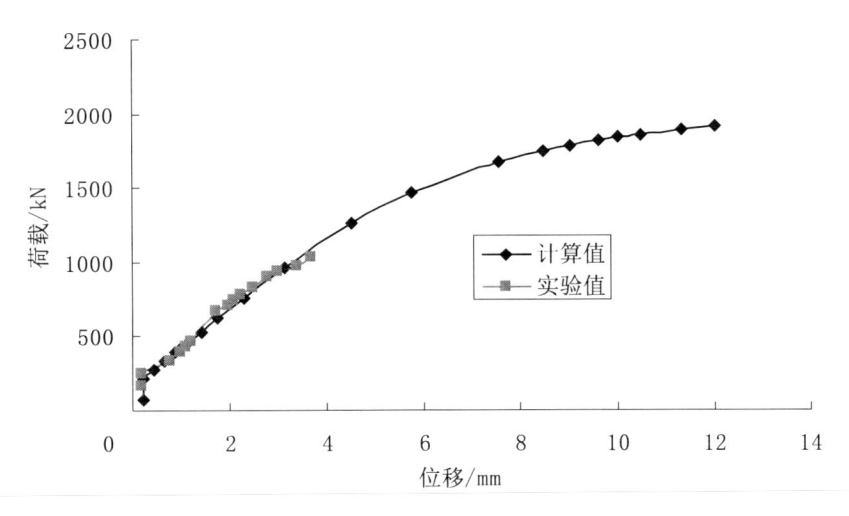

图10.22 荷载-位移曲线

由于实验室加载设备问题对体外预应力钢-轻骨料混凝土组合连续梁未能加载到极限承载力，极限承载力由ANSYS计算结果确定。对于体外预应力钢-轻骨料混凝土组合连续梁，外荷载首先要克服预应力产生的变形后才会出现向下的挠度，而且预应力使得原组合梁的截面刚度得到增强，因此在相同的荷载作用下，预应力组合连续梁的挠度要比普通的组合连续梁要小。由图10.22可以看出：当施加荷载较小时，预应力组合连续梁中支座混凝土板尚未开裂，组合连续梁荷载与挠度呈线性增长，此时组合连续梁处于弹性阶段；随着荷载的逐渐增加，当达到开裂荷载时，中间支座混凝土板顶部出现第一条裂缝，裂缝逐渐贯通并在两侧产生新的裂缝，裂缝的宽度也逐渐加大，跨中弯矩增加较快而支座弯矩增加较缓慢，即发生了内力重分布，此阶段称为弹性内力重分布阶段；当荷载继续增加约40%Pu时，部分组合梁的受压翼缘开始屈服，组合连续梁进入弹塑性内力重分布阶段，当荷载大于70%Pu时，多数受力钢筋和受压钢梁均进入屈服，中支座截面形成塑性铰，进入塑性内力重分布阶段，随着荷载继续增加时，中支座弯矩增加缓慢而跨中弯矩继续增加,直到组合连续梁达到极限荷载,受压区混凝土被压碎,组合连续梁丧失承载能力破坏。

2. 组合梁跨中截面沿高度方向的荷载-应变曲线

根据试验测得的组合梁在荷载作用下跨中截面应变曲线如图10.23至图10.25。从图中可以看出:在荷载作用初期,钢梁应变基本呈线性增长,荷载-应变为直线,平截面假设成立,钢梁处于弹性阶段;当荷载继续增加时钢梁下翼缘逐渐进入屈服,屈服范围逐渐增大。

3. 跨中轻骨料混凝土翼缘板宽度方向应变分布

轻骨料混凝土翼缘板上表面压应变沿板宽度方向的分布由图10.26所示。在荷载作用初期,混凝土应变分布均匀,荷载-应变曲线近似为一条水平线;当荷载继续增加时,应变分布越来越不均匀,沿翼缘板呈曲线形状分布存在剪力滞后现象,由图10.27和图10.28可知,混凝土板内配筋在加载点下压应变最大,钢筋在反弯点附近应力最小,基本为零。

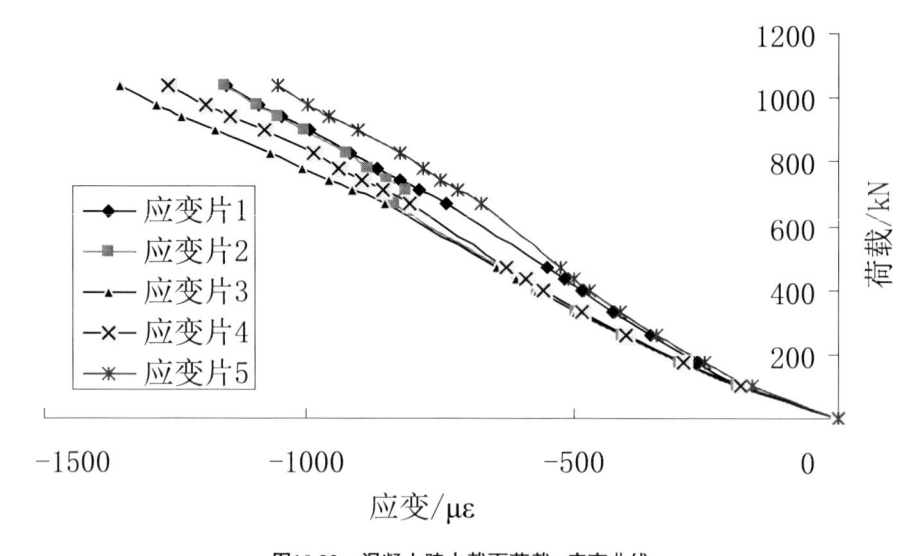

图10.23 混凝土跨中截面荷载-应变曲线

10 体外预应力钢-轻骨料混凝土组合连续梁变形性能

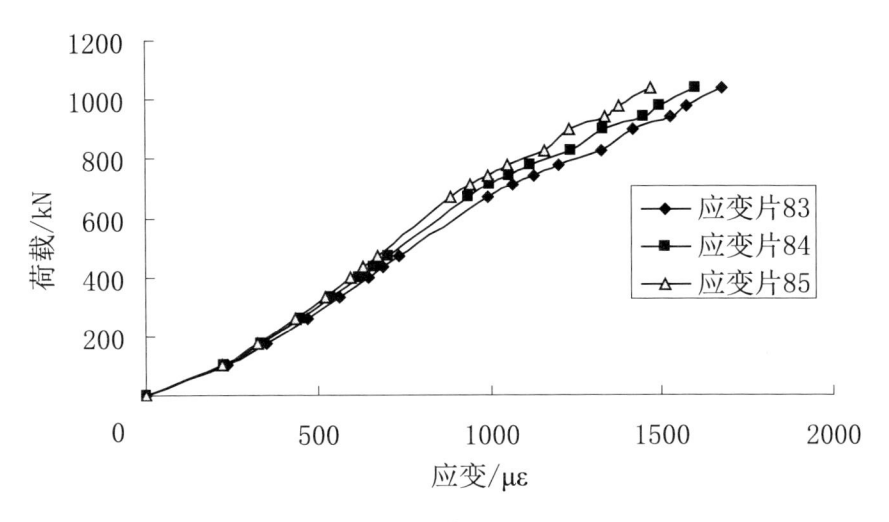

图10.24 钢梁跨中截面荷载-应变曲线

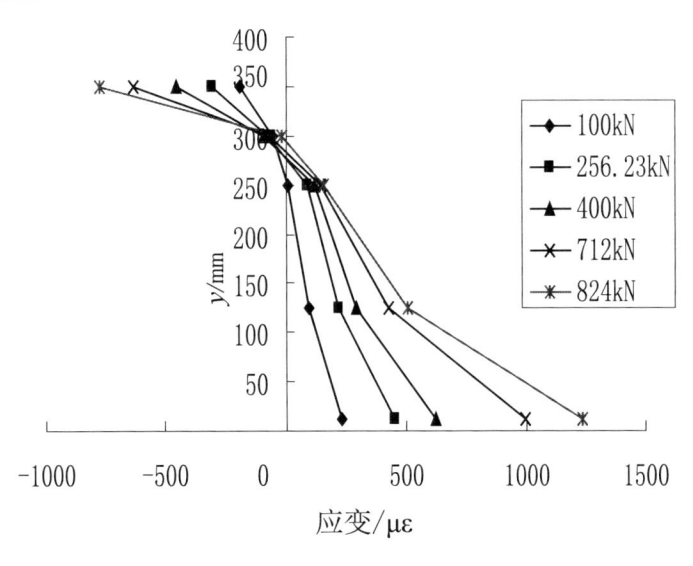

图10.25 跨中截面应变分布

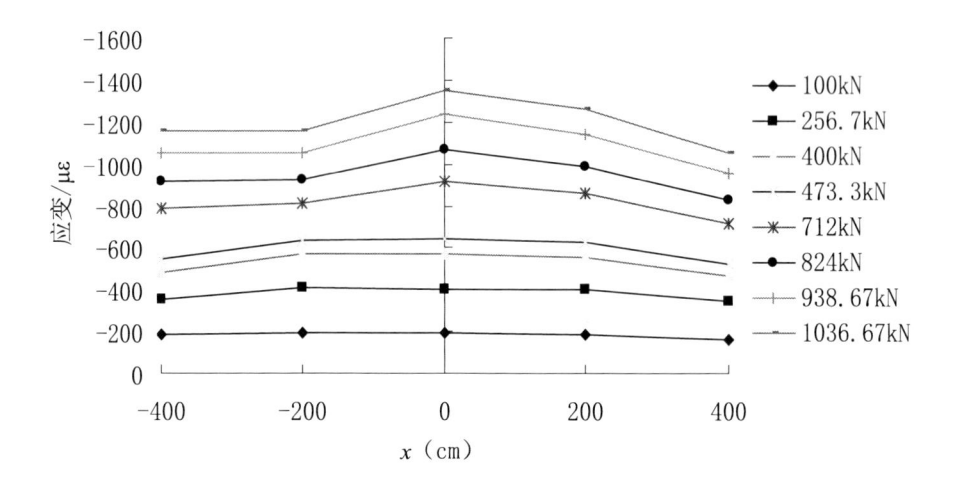

图10.26　跨中截面混凝土板上表面应变分布

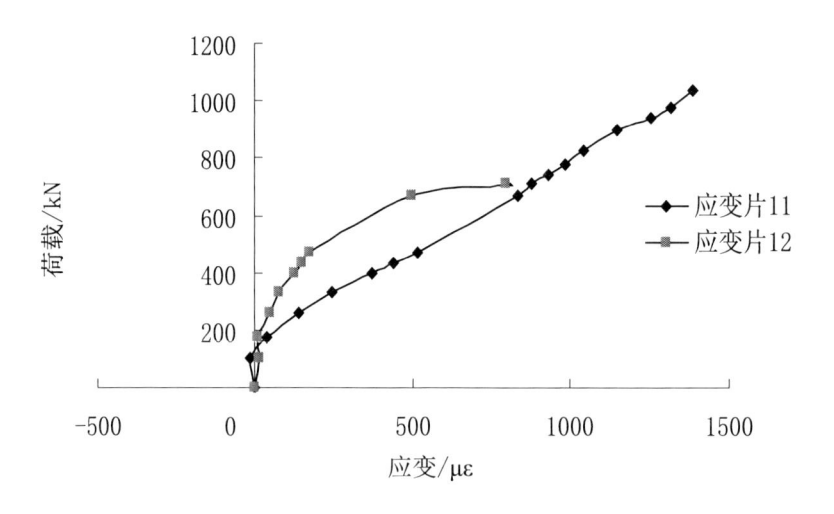

图10.27　中支座处上下钢筋荷载-应变曲线

10 体外预应力钢-轻骨料混凝土组合连续梁变形性能

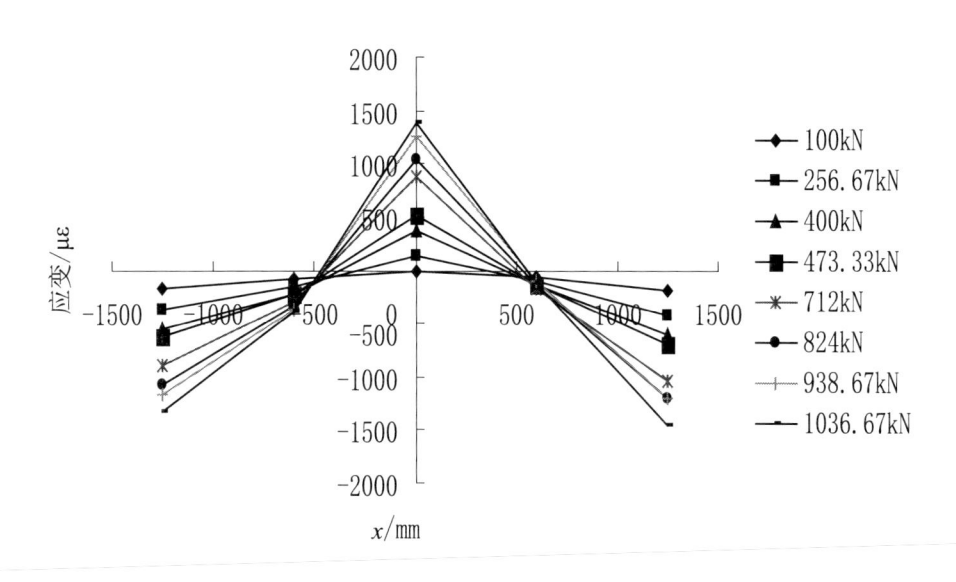

图10.28 混凝土板内上层钢筋应变分布图

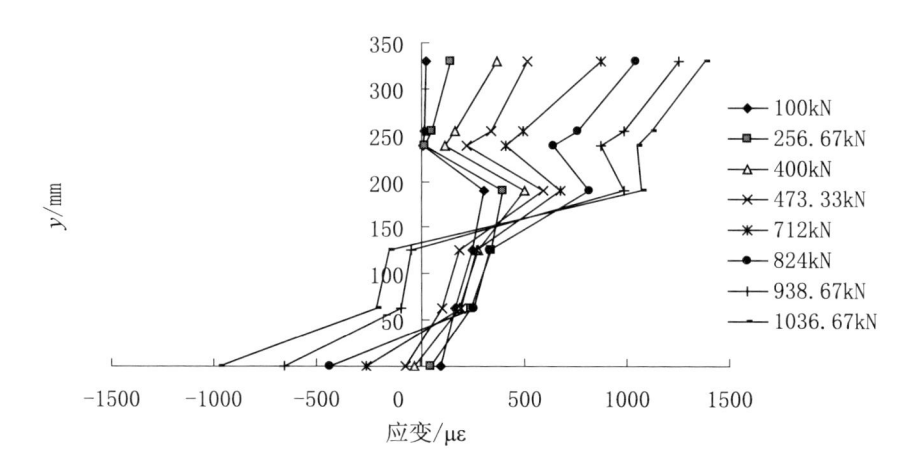

图10.29 中支座处截面应变图

165

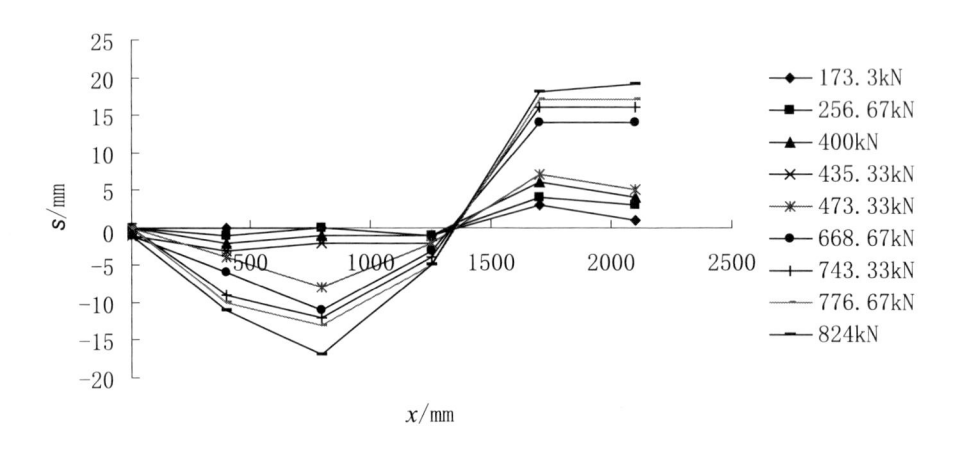

图10.30　组合梁滑移曲线

4. 中间支座处受力分析

由图10.29可以看出，在荷载作用初期，混凝土板应力基本呈线性增长，混凝土应力增长较大，当达到开裂荷载后混凝土开裂，认为混凝土退出工作，支座处负弯矩由钢梁和混凝土板中配筋共同承担，混凝土板中钢筋受力如图10.30所示，钢筋离中和轴越远，钢筋受力越大，直到最后屈服，形成塑性铰。中间支座处是体外预应力组合连续梁的薄弱环节，由于在混凝土板中配置适量的纵向受拉钢筋，所以其抗剪能力提高。钢结构设计规范上规定：受正弯矩的组合梁截面；$A_{st}f_{st} \geqslant 0.15Af$ 的受负弯矩的组合梁截面用塑性设计方法计算组合梁强度时可以不考虑弯矩与剪力的相互影响。

5. 体外预应力钢-轻骨料混凝土组合连续梁裂缝分析

在荷载作用初期，基本处于弹性工作阶段；当P=441kN时，试件在负弯矩区混凝土顶面中部沿横向首先出现裂缝；随着荷载的增加，向板的边缘发展且裂缝的数量不断增加，裂缝的间距较为均匀，有一条发展较快宽度最大的主裂缝，加载点下轻骨料混凝土板的下表面也逐渐出现裂缝。中间支座截面负弯矩区极限抵抗力随着混凝土板内纵筋数量的增加而增加，与混凝土强度，骨料类型基本无关。在负弯矩区内，混凝土板中的纵向钢筋在完全达到屈服之前，其应力是不同的，纵筋离梁中心线越远，其应力越大如图10.27所示。裂缝主要分布在200~350mm（基本在0.10~0.15倍梁的跨度内），数值的大小受有效预应力初始轴压比、预应力度等因素的影响，随着荷载的增加，中和轴逐渐上移，如图10.29所示。

6. 体外预应力钢-轻骨料混凝土组合连续梁滑移分析

图10.30为体外预应力钢-轻骨料混凝土组合连续梁在一跨内的滑移曲线，由图中可以看出：体外预应力钢-轻骨料混凝土组合连续梁加载点至边支座最大滑移点不是出现在梁端，而是出现在这一区域的某个截面上。加载点至中间支座区域内，最大滑移点出现在反弯点附近，加载点处滑移基本为零，本试验未进行中间支座滑移的测试，由文献[49]知，在中间支座处滑移基本为零。

10.3.9 小结

本节主要介绍了两跨体外预应力钢-轻骨料混凝土组合连续梁在对称荷载作用下试验模型设计、试验实施过程和试验结果分析，得出以下结论。

（1）体外预应力钢-轻骨料混凝土组合连续梁在两个集中荷载作用下，其受力特征主要有三个阶段，即弹性阶段、弹塑性阶段、塑性阶段。

（2）未施加预应力时加载连续梁开裂荷载为288kN，施加预应力后开裂荷载为441kN，使得组合连续梁的开裂荷载提高53.1%，挠度比普通的组合连续梁的挠度有明显减小，可以充分发挥两种材料的力学性能，使梁的性能得到明显改善。

（3）对于体外预应力钢-轻骨料混凝土组合连续梁中间支座处，由于受到负弯矩作用，是整个梁的薄弱环节，往往都是支座截面薄弱，跨中截面较强。

（4）在进行预应力组合连续梁设计时，应适当增加混凝土内的横向配筋，以防止出现纵向裂缝，并且在支座截面处腹板应适当加强，防止腹板过早屈曲。

10.4 体外预应力钢-轻骨料混凝土组合连续梁有限元模拟分析

10.4.1 单元类型的选择

（1）轻骨料混凝土单元，采用SOLID 65单元模拟轻骨料混凝土，采用改进的William-Warnke五参数破坏准则[106]，可以使用弹性或弹塑性本构关系来描述其受拉的应力-应变关系，能够模拟混凝土的拉裂和压碎效应，有塑性和徐变等非线性特点，还可以用加筋功能建立钢筋混凝土模型。

（2）钢梁单元，钢梁采用SHELL43单元进行模拟，该单元适合模拟线性、弯曲及适当厚度的壳体结构。单元具有塑性、蠕变、应力刚化、大变形和大应变的特性。

（3）预应力筋和钢筋单元，钢筋和预应力筋的模拟主要采用LINK8单元，该单元为三维杆单元，能承受单轴拉力压力但不能承受弯矩和剪力，它具有塑性、膨胀、应力刚化、大变形、大应变、单元生死等功能[107]。

（4）剪力连接件——栓钉单元，剪力连接件——栓钉采用COMBIN39单元进行模拟。该单元是一种具有非线性性能的单向受力单元，可用于模拟钢、混凝土之间的剪力连接件，在建模过程中只建立单向的弹簧单元，不考虑钢梁与混凝土板之间的竖向掀起和水平移动，其荷载-滑移相关公式[108]如下

$$Q = Q_u(1-e^{-0.709\Delta})^{2/5}, \quad Q_u = 0.43 A_s \sqrt{E'_c f'_c} \leqslant 0.7 A_s f_u, \quad h/d \geqslant 4$$

其中，Q_u为栓钉剪力连接件的极限承载力；E'_c、f'_c分别为混凝土的抗压弹性模量和抗压强度；A_s、h分别为栓钉截面积和高度，f_u为栓钉抗拉强度，$\triangle$为栓钉顶端和底端的相对滑移变形量。

10.4.2 轻骨料混凝土翼缘板模型

目前常用的钢筋混凝土有限元模型有三种[109]，第一种是把钢筋和混凝土各自划分为足够小的单元，两者之间的黏结滑移关系用联结单元来模拟，称为分离式模型；第二种是钢筋和混凝土包裹在一个单元之中，分别计算钢筋和混凝土对单元刚度矩阵的贡献，称为组合式模型；第三种也是把钢筋和混凝土包裹在一个单元之中，和组合式模型不同的是它统一考虑钢筋和混凝土的作用，称为整体式模型。本书采用分离式模型。

10.4.3 预应力的施加

在ANSYS中对预应力钢筋混凝土结构的分析方式有等效荷载法和实体力筋法两种。等效荷载法是将预应力筋的作用以等效荷载的方式作用于结构上。其优点是不用考虑预应力筋的位置而直接建模，网格划分比较简单，程序收敛也比较容易，预应力对结构的整体效应较为清楚地显现，但是不利于模拟像力筋位置对整体结构的影响、预应力筋的应力增量、应力损失引起的钢筋各处应力不等的情况。

实体力筋法是将混凝土和力筋划分为不同的网格一起考虑。该方法是解决大量复杂力筋线型的有效方法[110]。预应力的模拟可以采用初应变法和降温法，采用初应变法模拟力筋各处不同的应力时，每个单元的实常数各不相同工作量很大；降温法就是给预应力筋施加温度值来模拟张拉应力的大小，可以模拟预应力筋的应力损失及荷载作用下的应力增量，可以真实的模拟预应力钢筋对结构的影响和作用。钢筋的降温值按下列公式计算：$\Delta t = -\dfrac{N}{\alpha EA}$，其中$N$为预应力的施加值，$\alpha$为预应力筋的线膨胀系数，$E$为预应力筋的弹性模量，$A$为预应力筋的截面面积。

预应力的模拟采用实体力筋法建立预应力筋，预应力筋与转向块之间建立耦合和约束方程，采用降温法施加预应力。

10.4.4 有限元模型单元参数的设置和模型建立

1. 材料参数

建模所采用的材料参数见表10.1至表10.3。

2. 几何参数

模型几何参数见图10.8至图10.11。

3. 计算模型与求解

本例为两跨体外预应力钢-轻骨料混凝土组合连续梁，总长度为5.2m，轻骨料混凝土翼板高度为100mm，宽度为1000mm，钢梁高度为250mm，腹板厚度为8mm，翼缘宽度为200mm，厚度为12mm，体外预应力筋采用2根$1\times 7\Phi^s 15.2$的钢绞线。在建立有限元模型时网格划分直接影响到模型计算能否收敛、计算的收敛速度等，尽量采用映射网格划分，这样生成的网格形状规则，数量也比自由划分的网格数量少很多，可以节约大量的计算时间，提高计算精度，但是这样划分网格需要面体形状规则，对于比较复杂的模型，就需要用布尔运算对模型进行分区域划分；对于组合梁剪力连接件是建模中的重点，本书采用COMBIN39单元，为简化计算不考虑组合梁的竖向掀起和侧向移动；预应力筋与转向块之间应进行两个方向的耦合和建立竖向的约束方程或接触单元，只建立两者之间的耦合，只能在位移上保持一致，不能使预应力与转向块之间传递力矩；预应力筋与钢梁模型之间建立与梁长度方向和梁的横向平行的耦合方程，建立的ANSYS模型如图10.31所示。

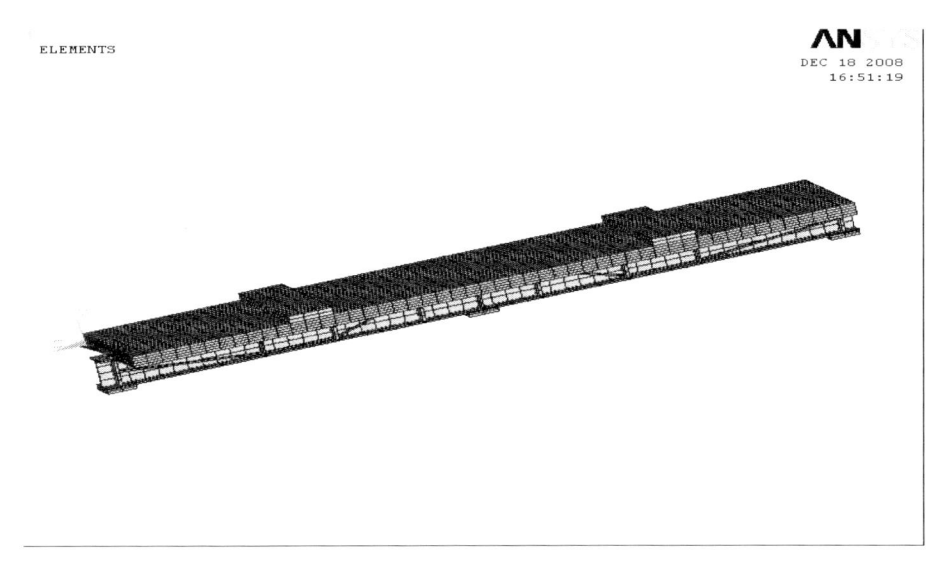

图10.31 体外预应力钢-轻骨料混凝土组合连续梁网格划分图

在模拟分析过程中采用F-N-R法进行非线性求解,F-N-R法在每次迭代计算时都要重新形成刚度矩阵,即在增量迭代过程中每迭代一步,修正一次刚度矩阵,将位移增量叠加,并计算出剩余荷载ΔP,且与当前荷载水平进行比较,一旦达到了收敛标准,则可进入下一步骤,这种方法计算精度很高,通常能保证以最少的迭代次数迭代至收敛[111]。在模型计算时,一般情况下选择力收敛准则,ANSYS中默认的收敛精度为0.1%,可以适当放宽到5%。由于试验过程中采用的是后张法施加的预应力,所以在整个模型计算中应分为两个加载步,即先施加预应力然后再施加荷载,才能更好的模拟后张法预应力组合梁。

10.5 计算结果分析

10.5.1 挠度结果分析

体外预应力钢-轻骨料混凝土组合连续梁挠度发展如图10.32所示。

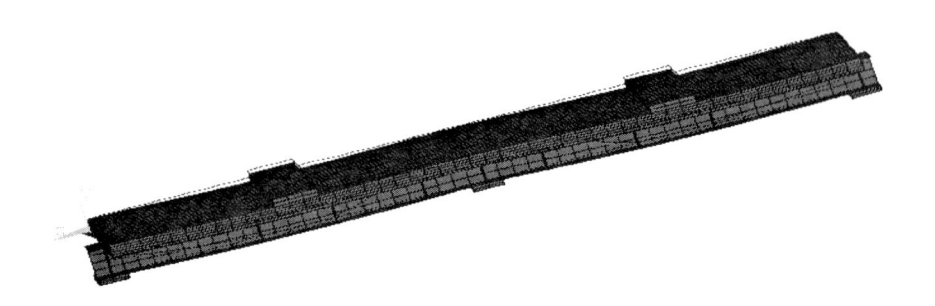

（a）荷载614.7kN（约30%P_u）变形

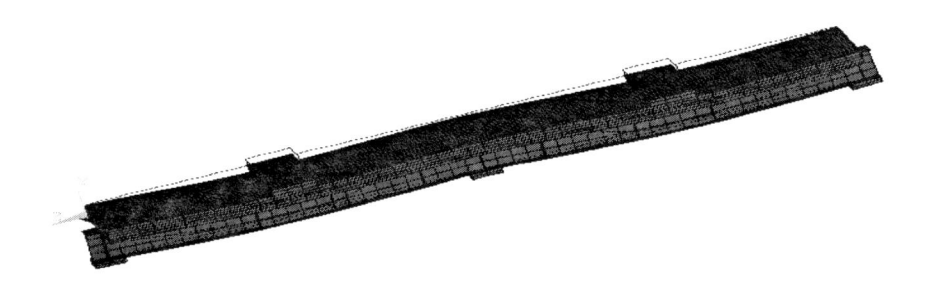

（b）荷载949.1kN（约50%P_u）变形

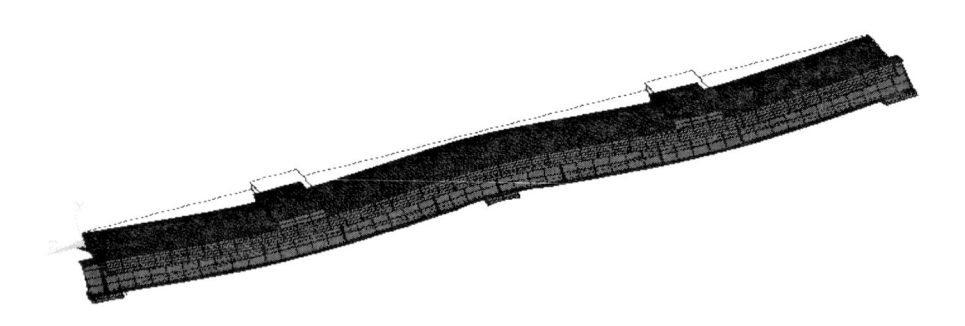

（c）荷载1452kN（约70%P_u）变形

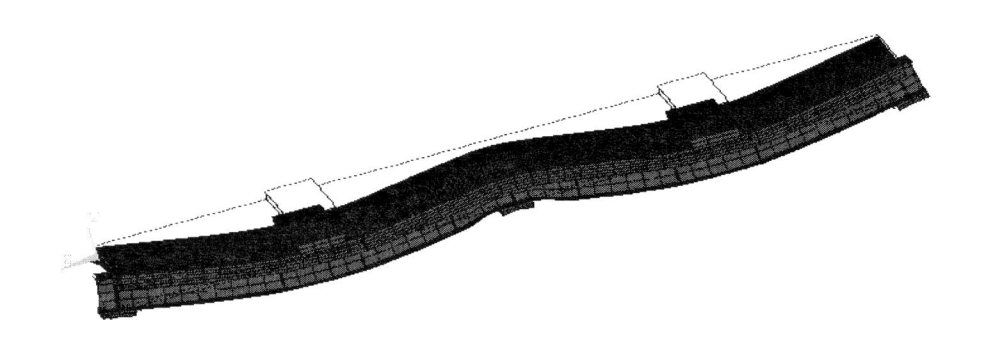

(d）荷载1892kN（P_u）变形

图10.32　体外预应力钢-混凝土组合连续梁变形发展

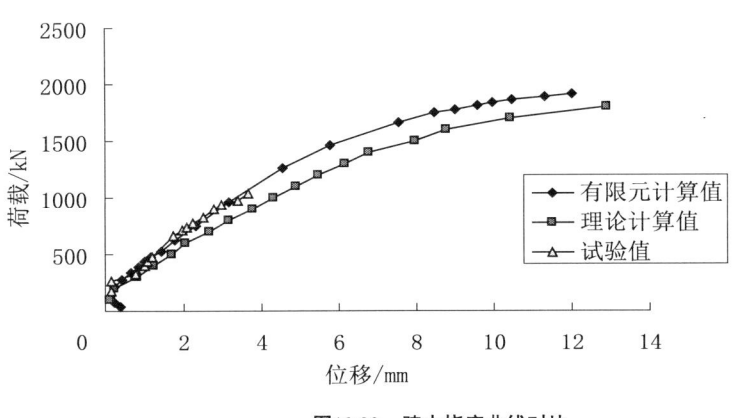

图10.33　跨中挠度曲线对比

体外预应力钢-轻骨料混凝土组合连续梁有限元模拟的挠度曲线、理论计算值与试验曲线对比如图10.33所示，结果表明有限元模拟结果、理论计算值、试验值在弹性阶段吻合较好。由于在理论计算时考虑转向块对组合梁刚度的提高作用，所以在混凝土开裂后计算值在相同荷载下的挠度计算值偏大。在达到极限荷载时，理论计算值为12.3mm，有限元计算结果为13.43mm，相差9.1%，总体来说吻合较好，基本满足工程实际要求。

10.5.2 应变对比分析

两跨体外预应力钢-轻骨料混凝土组合连续梁应变发展如图10.34所示。

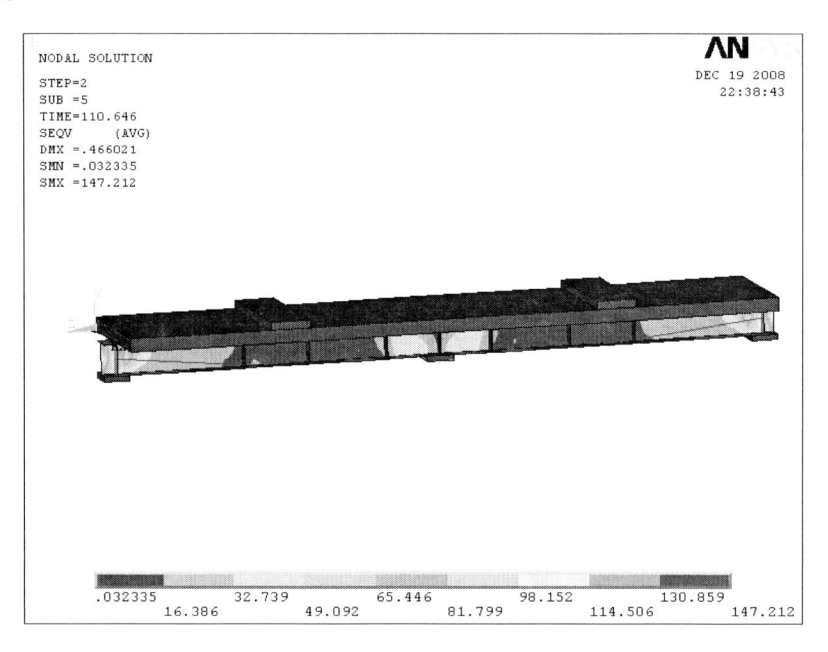

（a）荷载202kN（约10%P_u）应力云图

10 体外预应力钢-轻骨料混凝土组合连续梁变形性能

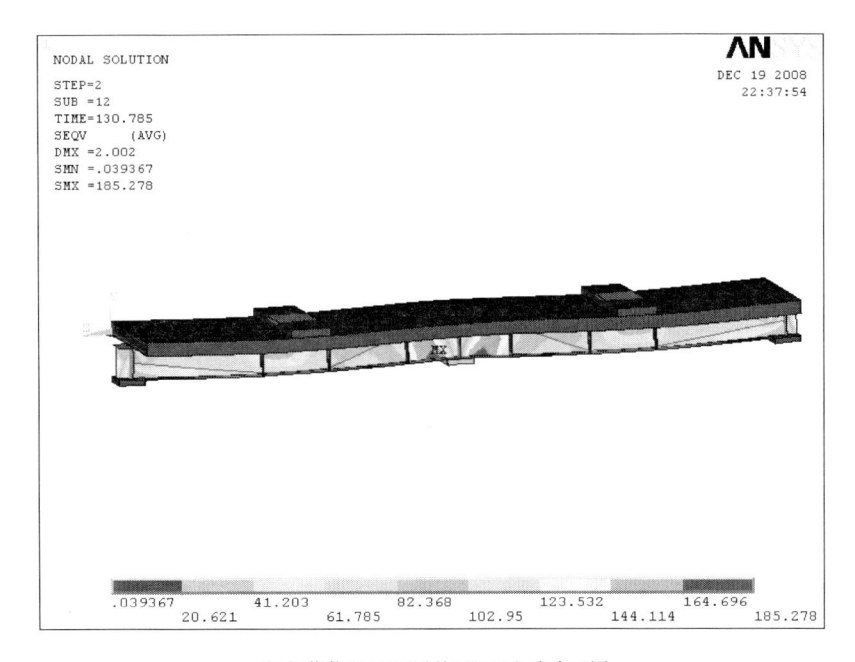

（b）荷载614.7kN（约30%P_u）应力云图

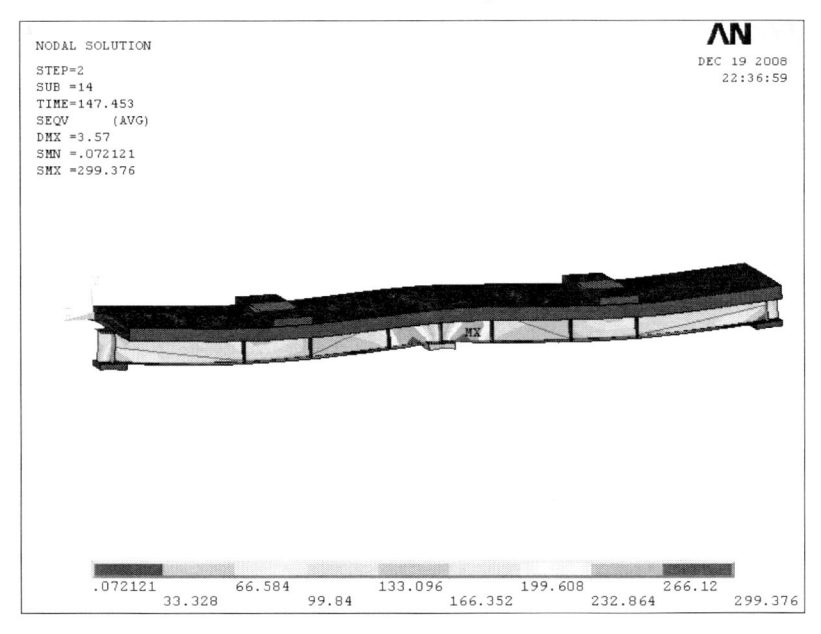

（c）荷载949kN（约50%P_u）应力云图

175

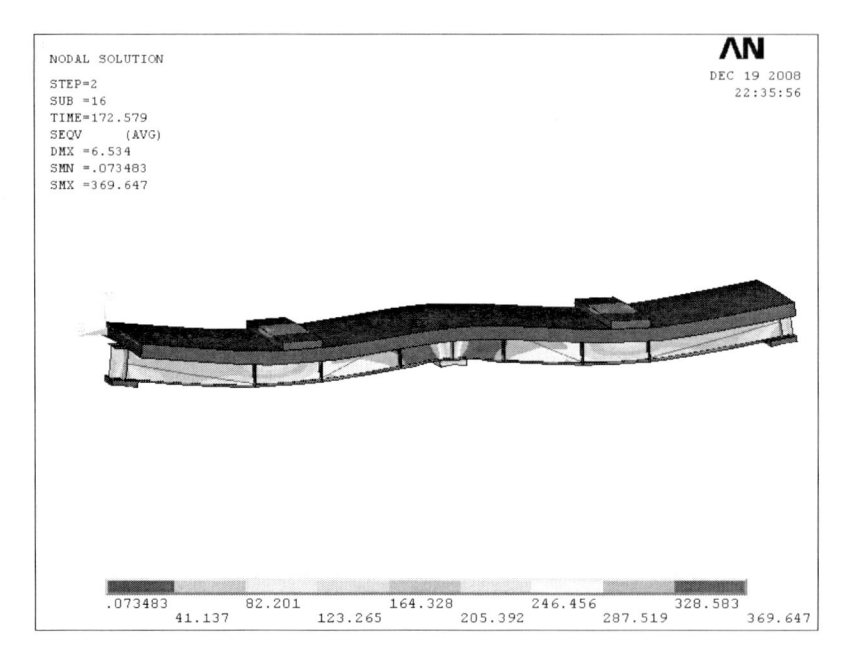

(d) 荷载1452kN（约70%P_u）应力云图

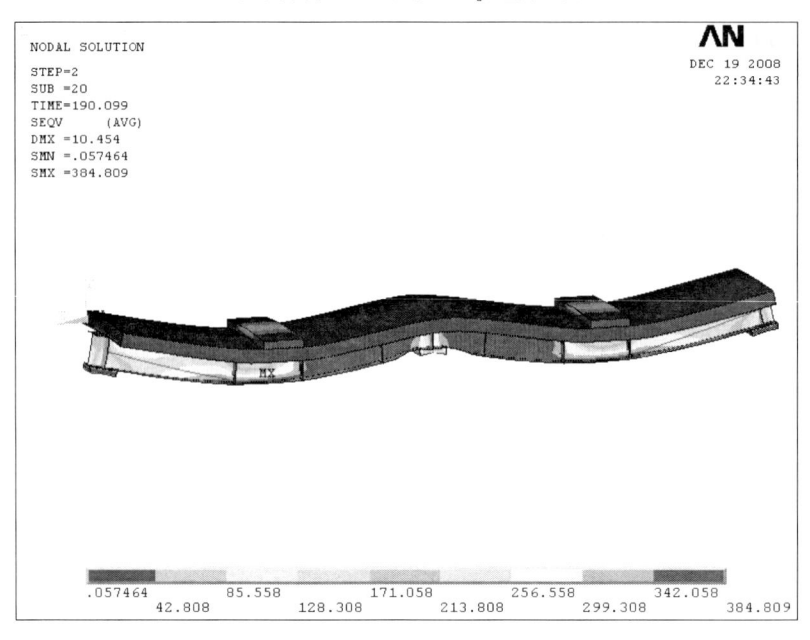

(e) 荷载1802kN（约90%P_u）应力云图

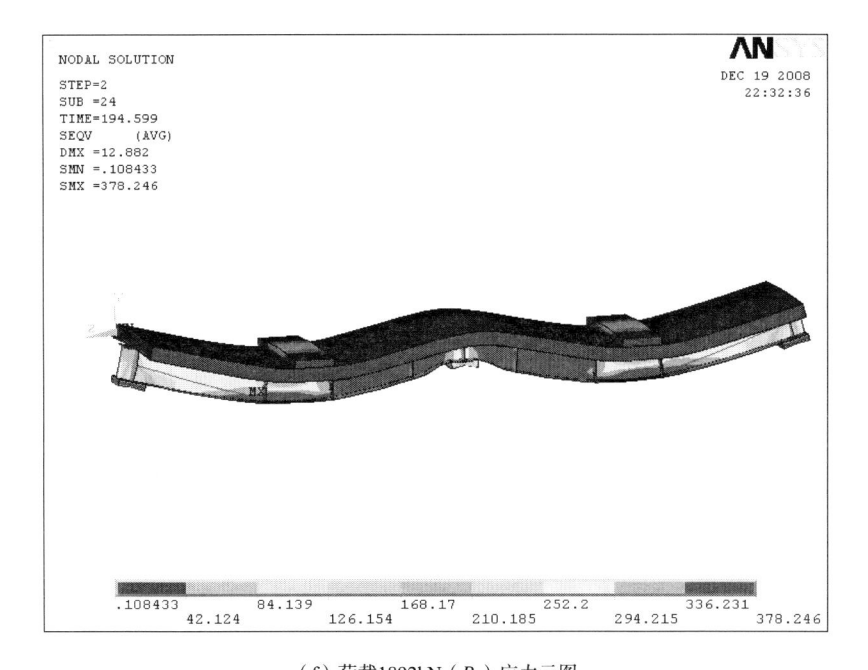

(f) 荷载1892kN（P_u）应力云图

图10.34　体外预应力组合连续梁应力发展云图

10.5.3　误差分析

总体来说，用有限元模拟体外预应力钢-轻骨料混凝土组合连续梁在弹性阶段时吻合较好，在中间支座混凝土开裂以后，有限元的挠度计算值要比试验值小，但是在误差允许范围内。利用ANSYS分析体外预应力钢-轻骨料混凝土组合连续梁与实际之间产生的误差来源于多个方面：在有限元模拟分析中，为简化计算，没有考虑外部环境温度的变化，人为因素的影响，混凝土的本构关系未考虑下降段，未考虑钢梁与混凝土板之间的竖向掀起等。ANSYS中虽然考虑了单元破坏后的应力释放，但是在实际结构中仍然有残余的强度。只要采用适当的单元类型、收敛标准、边界条件和合理采用SOLID65单元的的本构关系、强度准则等就可以得到满意的分析成果。

10.6 小结

本章在钢-轻骨料混凝土组合梁和体外预应力理论的基础上，对钢-轻骨料混凝土组合连续梁变形性能进行了分析。推导了两跨体外预应力钢-混凝土组合连续梁的挠度变形公式和预应力应力增量公式；对两跨体外预应力钢-轻骨料混凝土组合连续梁试件在对称集中荷载作用下进行了静载荷试验，并对其进行了有限元模拟，在此基础上得出了如下结论。

（1）利用弹性理论、最小势能原理求解出在不考虑剪切滑移时预应力钢筋的应力增量，预应力增量随着外荷载的增大也逐渐增大，应力增量是预应力钢束计算时不可回避又必须重视的问题。利用能量变分法求解微分方程得出两跨体外预应力钢-轻骨料混凝土组合连续梁挠度计算方法。

（2）对两跨体外预应力钢-轻骨料混凝土组合连续梁在两个集中荷载作用下进行了静载荷试验，其内力重分布大致分为三个阶段，即弹性阶段、弹塑性阶段和塑性阶段。整个加载过程中，预应力筋有效的减小了正弯矩区的挠度，在中间支座处增加了连续梁的开裂荷载的53.1%，增长了连续梁的弹性阶段，有效地控制了开裂混凝土板的开裂区域，减小了裂缝的宽度和数量。

（3）对试验进行了有限元模拟，计算结果和试验值能较好的吻合，说明按照本书提采用的单元类型、建模方法和计算方法对体外预应力钢-轻骨料混凝土组合连续梁进行非线性有限元分析的方法是可行的。

（4）尚需要深入研究的问题：体外预应力钢-轻骨料混凝土组合连续梁的计算分析是一个很复杂的体系，尤其是在中间支座混凝土开裂后的内力重分布问题；不同的预应力布置形式对连续梁的挠度、承载力影响问题；钢梁与轻骨料混凝土之间的滑移对承载力和挠度的影响；在使用有限元软件ANSYS对其进行分析时，体外预应力钢筋与转向块之间的处理问题，混凝土开裂后的分析方法和混凝土考虑压碎问题都是亟待解决的问题。

参考文献

[1] 王连广. 钢与混凝土组合结构理论与计算[M]. 北京：科学出版社，2005：1-66.

[2] 聂建国. 钢-混凝土组合梁结构：试验、理论与应用[M]. 北京：科学出版社，2005：1-75，298-315.

[3] CEB欧洲国际混凝土委员会. 1990CEB—FIP模式规范（混凝土结构）[Z]. 中国建筑科学研究院结构所规范室，译. 北京，1991.

[4] 蔡国宏. 国外桥梁建设与发展的新动态[J]. 国外公路，1998，18（2）：9-15.

[5] 胡夏闽，高华杰. 组合结构在欧洲的新进展[J]. 工业建筑，2002，32（5）：75-80.

[6] 杨义东，李涛. 钢-混凝土组合结构桥在日本的发展趋势[J]. 国外桥梁，1998，4：39-42.

[7] Newmark N M, Siess C P, Viest I M. Test and analysis of composite beams with incomplete interaction[J]. Experimental Stress Analysis，1951，9（6）：896-901.

[8] Viest I M. Investigation of stud shear connector for composite concrete and steel T-beams[J]. Journal of ACI，1956，27（8）：875-891.

[9] U. S. DOC. Catalog of Highway bridge Plans[Z]. U. S. Department of Commerce，Bureau of Public Roads. Washington D. C.，1990.

[10] Taly N. Design of modern highway bridges[M]. McGraw-Hill Companies，Inc.，New York，1998.

[11] Brozzetti J. Design development of steel-concrete composite bridges in France[J]. Journal of Constructional Steel Research, 2000, 55: 229-243.

[12] 范旭红, 石启印, 马波. 钢-混凝土组合梁的研究与展望[J]. 江苏大学学报（自然科学版）, 2004, 25（1）: 89-92.

[13] Johnson R P, Cafolla J. Corrugated webs in plate girders for bridges[J]. Structures and Buildings, 1997, 123（5）: 157-164.

[14] 樊建生, 聂建国. 钢-混凝土组合桥梁研究及应用新进展[J]. 建筑钢结构进展, 2006, 8（5）: 35-39.

[15] 交通部公路规划设计院. 公路桥涵钢结构及木结构设计规范（JTJ025—86）[S]. 北京: 人民交通出版社, 1986, 45-47.

[16] 铁路组合桥设计规定（TBJ24—89）[S]. 北京: 中国铁道出版社, 1989, 51-53.

[17] 钢结构设计规范（GBJ17—88）[J]. 北京: 中国计划出版社, 1988, 94-98.

[18] 钢结构设计规范（GB 50017—2003）[S]. 北京: 中国计划出版社, 2003, 108-112.

[19] 宋绍铭. 轻骨料混凝土在高层建筑和桥梁工程上的应用及其发展前景[J]. 江苏建筑, 2003, 增刊: 77-84.

[20] 聂建国, 余志武. 钢-混凝土组合梁在我国的研究及应用[J]. 土木工程学报, 1999, 32（2）: 3-7.

[21] 王福春. 钢-混凝土组合结构在沈阳市东西快速干道工程中的应用[J]. 城市道桥与防洪, 2002（2）: 32-35.

[22] 王元清, 石永久. 大连新世纪大厦钢-混凝土组合结构方案的设计与分析[J]. 钢结构, 1997, 12（1）: 56-59.

[23] 伊藤矿一. 海外结合梁的技术现状及展望[J]. 桥梁与基础, 1992, 2: 49-52.

[24] 舒赣平, 吕志涛. 预应力钢结构与组合结构的应用和发展[J]. 工业建筑, 1997, 27（7）: 1-3.

[25] 刘文会. 预应力钢－混凝土组合梁桥结构行为研究[D]. 长春：吉林大学，2005，1-7.

[26] 中华人民共和国行业标准. 轻骨料混凝土技术规程（JGJ 51—2002）[S]. 北京：中国建筑工业出版社，2002，15-17，67-71.

[27] 胡曙光，王发洲. 轻集料混凝土[M]. 北京：化学工业出版社，2006，1-6.

[28] 丁建彤，郭玉顺，木村薰. 结构轻骨料混凝土的现状与发展趋势[J]. 混凝土，2000，9：23-26.

[29] 杨秋玲，马可栓. 轻骨料混凝土的现状与发展[J]. 铁道建筑，2006，6：104-106.

[30] 戴竞. 轻骨料混凝土桥的现状与发展[J]. 公路，2002，12：7-10.

[31] Stein Fergestad, Sturla Rambjoer. Raftsundet Bridge[J]. Concrete Engineering International, Vol.2, No.1, Jan-Feb 1998.

[32] Ollgaard J G, Slutter R G, Fisher J W, Shear Strength of Stud Connectors in Lightweight and Normal Weight Concrete[J]. Engineering Journal of AISC, 1971, 8（2）：55-64.

[33] Lam D, Beng, Mphil, Ph D, et al. Experiments on composite steel beams with precast concrete hollow core floor slabs[J]. Structures and Buildings, May 2000.

[34] Karl F, Meyer P E, et al. Lightweight Concrete Reduces Weight and Increases Span Length of Pretensioned Concrete Bridge Girders[J]. PCI Journal January-February 2002.

[35] Rigoberto Burgueno, et al. Flexural Behavior of Hybrid Fiber-Reinforced Polymer/Concrete Beam/Slab Bridge Component[J]. ACI Structural Journal, March-April 2004.

[36] 王连广，刘之洋. 钢板－火山渣混凝土组合梁的理论分析和试验研究[J]. 工业建筑，1994，24（5）：26-32.

[37] 王连广，刘之洋，曹阅. 钢-火山渣组合梁连接件及交接面滑移分析[J]. 工业建筑，1995，25（3）：18-23.

[38] 王连广，刘之洋. 钢-轻骨料混凝土组合梁变形理论与实验研究[J]. 工业建筑，1997，27（9）：13-16.

[39] 王连广，许伟，朱浮声，刘之洋. 钢板与轻骨料混凝土组合梁实验研究[J]. 东北大学学报（自然科学版），2002，23（12）：1193-1196.

[40] 李帼昌，常春，等. 压型钢板-煤矸石混凝土组合楼板的力学性能研究[J]. 辽宁工程技术大学学报，2003，22（1）：61-63.

[41] CESAR R，VALLENILLA，REIDAR BJORHOVDE. Effective Width Criteria of Composite Beams[J]. American Institute of Construction，1985. 4：169-175.

[42] ADEKOLA A O. Effective widths of composite beams of steel and concrete[J]. Structural Engineer，1968，46（9）：285-289.

[43] ANSOURIAN P，AUST M I E. The Effective Width of Continuous Composite Beams[J]. Civil Engineering Transitions，1983，1：63-69.

[44] ELKELISH S, HUGH ROBINSON. Effective widths of composite beams with ribbed metal desk[J]. Can. J. Civ. Eng. 13，1986，2：66-75.

[45] FAHMY E H, HUGH ROBINSON. Analyses and test to the effective widths of beams in unbraced multistory frames[J]. Can. J. Civ. Eng. 13，1986：575-582.

[46] CEN，1992. Commission of the European Communities，ENV 1994-1-1，Eurocode 4-Design of composite steel and concrete structures[S]. Part 1-1：General rules and rules for buildings，Revised Draft：March，1994，Part2：Bridge，Third Draft：January，1997.

[47] British Standard Institution. BS 5400，Parts 3，4，5. Steel Concrete and Composite Bridges[S]. London，1982.

[48] 华北电力设计院. 钢-混凝土组合结构设计规程（DL/T 5085—1999）[S]. 北

京：中国电力工业出版社，1999，32-34.

[49] 易海波. 钢-混凝土组合梁翼板有效宽度的试验与分析[D]. 长沙：湖南大学，2005.

[50] 郭杰华. 钢-混凝土组合梁有效翼缘宽度研究[D]. 哈尔滨：哈尔滨工程大学，2003.

[51] Aribert J M. Slip and uplift measurements along the steel and concrete interface of various types of composite beams[C]. Proceedings of the International Workshop on Needs in Testing Metals Testing of Metals for Structures，1992，395-407.

[52] 李运生，王元清，石永久，等. 组合梁桥有效翼缘宽度国内外规范的比较分析[J]. 铁道科学与工程学报，2006，3（2）：34-38.

[53] 何畏，强士中. 板桁组合结构中混凝土桥面板有效宽度计算分析[J]. 中国铁道科学，2002，23（4）：55-61.

[54] 胡夏闽. 欧洲规范4 钢-混凝土组合梁设计方法（2）[J]. 工业建筑，1995，25（10）：47-52.

[55] 程海根，强士中. 弯曲分析时考虑剪力滞后的效应[J]. 西南交通大学学报，2002，37（4）：362-366.

[56] CESAR R，VALLENILLA，REIDAR BJORHOVDE. Effective Width Criteria of Composite Beams[J]. American Institute of Construction，1985，4：169-175.

[57] 聂建国，刘明，叶列平. 钢-混凝土组合结构[M]. 北京：中国建筑工业出版社，2005，51-108.

[58] 英国钢混凝土组合梁（BS5400）[S]. 成都：西南交通大学出版社，1986.

[59] 美国公路桥梁设计规范（AASHTO）[S]. 北京：人民交通出版社，1998.

[60] 张士铎，邓小华，王文州. 箱形薄壁梁剪力滞效应[M]. 北京：人民交通出版社，1998，19-26.

[61] 刘世忠，吴亚平，夏晏，等. 薄壁箱梁剪力滞剪切变形双重效应分析的矩阵方法[J]. 工程力学，2001，18（4）：140-144.

[62] 吴幼明，罗旗帜，岳珠峰. 薄壁箱梁剪力滞效应的能量变分法[J]. 工程力学，2003，20（4）：161-166.

[63] 聂建国，沈聚敏. 滑移效应对钢-混凝土组合梁弯曲强度的影响及其计算[J]. 土木工程学报，1997，30（1）：31-36.

[64] 王连广，许伟，李立新. 滑移效应影响下的组合梁变形计算公式[J]. 沈阳建筑工程学院学报，2000，16（4）：254-255.

[65] Amadio C, Fragiacomo M. Effective width evaluation for steel-concrete composite beams[J]. Journal of Constructional Steel Research, 2002, 58: 373-388.

[66] 蒋丽忠，余志武，李佳. 均布荷载作用下钢-混凝土组合梁滑移及变形的理论计算[J]. 工程力学，2003，20（2）：133-137.

[67] 倪元增，钱寅泉. 弹性薄壁梁桥分析[J]. 北京：人民交通出版社，2000，7-23.

[68] 许伟，王连广，许峰. 钢与混凝土组合梁交接面滑移及掀起的计算分析[J]. 沈阳建筑工程学院学报，2001，17（1）：24-26.

[69] 赵鸿铁. 钢与混凝土组合结构[M]. 北京：科学出版社，2001，35-40.

[70] SLUTTER R G, DRISCOLL G C. Flexural strength of steel-concrete composite beams[J]. Journal of the Structural Division, ASCE, 1965, 91（2）：71-99.

[71] 张少云. 钢-混凝土组合梁栓钉剪力连接件抗剪强度及性能研究[D]. 郑州：郑州工学院，1987.

[72] Jorgen G, Ougaord Roger G, Slutter AND John W. Fisher, Shear Strength and Steel Connectors in Lightweight and Normal weight Concrete[J]. AISC Engineering Journal, Apr., 1971.

[73] 王刚, 王福建, 杨忠宝. 组合梁滑移特性分析及连接单元改进[J]. 江南大学学报（自然科学版）, 2004, 3（2）: 179-183.

[74] Colin Davies. Small-Scale Push-Out Tests on Welded Stud Shear Connectors[J]. Concrete, Sept., 1967.

[75] Slutter R G. Shear Strength of Stud Connectors in Lightweight and Normal-Weight Concrete[J]. AISC, Sept., 1971.

[76] 胡夏闽, 刘子彤, 赵国藩. 钢与混凝土组合梁栓钉连接件的设计承载力[J]. 南京建筑工程学院学报, 2000, 4: 1-10.

[77] 崔玉萍. 部分剪力连接钢-混凝土叠合板组合梁强度和变形的试验研究[D]. 北京: 北京市政工程研究院, 1996.

[78] 王力, 杨大光, 孙世钧. 钢-混凝土组合梁滑移及掀起理论分析方法[J]. 哈尔滨建筑大学学报, 1998, 31（1）: 37-42.

[79] 聂建国, 沈聚敏, 袁彦声. 钢-混凝土简支组合梁变形计算的一般公式[J]. 工程力学, 1994, 11（1）: 21-27.

[80] 聂建国, 沈聚敏, 袁彦声, 等. 钢-混凝土组合梁中剪力连接件实际承载力的研究[J]. 建筑结构学报, 1996, 17（2）: 21-28.

[81] 聂建国. 钢-混凝土组合梁强度、变形和裂缝的研究[R]. 北京: 清华大学, 1994.

[82] 余志武, 蒋丽忠, 李佳. 集中荷载作用下钢-混凝土组合梁界面滑移及变形[J]. 建筑结构学报, 2003（8）: 1-6.

[83] 聂建国, 崔玉萍. 钢-混凝土组合梁在单调荷载下的变形及延性[J]. 建筑结构学报, 1998, 19（2）: 30-36.

[84] 过镇海. 钢筋混凝土原理和分析[M]. 北京: 清华大学出版社, 2003.

[85] 王振宇, 丁建彤, 郭玉顺. 结构轻骨料混凝土应力-应变全曲线[J]. 混凝土, 2005, 185（3）: 39-41.

[86] 王聚厚, 聂建国, 卫军, 等. 用普通钢筋混凝土叠合板作受压翼缘的钢-混

凝土组合梁[J]. 工业建筑，1992，22（2）：6-9.

[87] 季天. 简支钢-混凝土组合梁作短期静载作用下的试验研究和性能分析[D]. 郑州：郑州工学院，1984.

[88] Chapman J C, Balakrishnan S. Experiments on composite beams[J]. The Structural Engineer, 1964, 42 (11).

[89] Davies C. Tests on half-scale steel-concrete composite beams with welded stud connectors[J]. The Structural Engineer, 1969, 47 (1).

[90] 葛琪. 钢-轻骨料混凝土简支组合梁承载及变形能力研究[D]. 长春：吉林大学，2006.

[91] 李蕾. 钢-轻骨料混凝土组合梁剪力滞效应研究[D]. 长春：吉林大学，2007.

[92] 公路钢筋混凝土及预应力混凝土桥涵设计规范（JTG D62—2004）[S]. 北京：人民交通出版社，2004.

[93] 聂建国，田春雨. 钢混凝土简直组合梁板体系塑性阶段有效宽度分析[J]. 铁道科学与工程学报，2004，1（1）：1-7.

[94] 聂建国，田春雨. 简支组合梁板体系有效宽度分析[J]. 土木工程学报，2005，38（2）：8-12.

[95] 孙文彬，王龙南. 简支钢-混凝土组合梁考虑滑移效应的曲率分布分析[J]. 南昌水专学报，2000，19（2）：25-28.

[96] 彭桂林，陈瑞生. 简支组合梁弹性变形及极限抗弯承载力计算[J]. 结构工程师，2004，1：19-22.

[97] 张梨华. 考虑滑移效应的钢-混凝土组合梁的挠度计算[J]. 结构工程师，1998，4：21-23.

[98] 聂建国，沈聚敏，余志武. 考虑滑移效应的钢-混凝土组合梁变形计算的折减刚度法[J]. 土木工程学报，1995，28（6）：11-17.

[99] 聂建国，李勇，余志武. 钢-混凝土组合梁刚度的研究[J]. 清华大学学报（自然科学版），1998，38（10）：38-41.

[100] Johnson R P, Molenstra I N. Partial Shear Connection in Composite Beams for Buildings[C]. Proc. Instn. Civ. Engrs, Part 2, 1991, 91（12）: 679-704.

[101] Seracino R, Oehlers D J, Yeo M F. Partial-interaction flexural stresses in composite steel and concrete bridge beams[J]. Engineering Structures, 2001, 23（3）: 1186-1193.

[102] Oven V A, Burgess I W, Plank R J, et al. An Analytical Model for the Analysis of Composite beams with partial interaction[J]. Computer & Structures, 1997, 62（3）, 493-504.

[103] 熊学玉. 体外预应力结构设计[M]. 北京：中国建筑工业出版社，2005.

[104] PICARD A, MASSICOTEE B. Relative Efficiency of External Prestressing[J]. Journal of Structural Engineering, 1995, 121（12）:1832-1841.

[105] 沈世钊，徐崇宝，赵臣，武岳. 悬索结构设计[M]. 北京：中国建筑工业出版社，2006，97-99.

[106] 李围，叶裕明，刘春山，等. ANSYS土木工程应用实例[M]. 北京：中国水利水电出版社，2007.

[107] 郝文化. ANSYS土木工程应用实例[M]. 北京：中国水利水电出版社，2005.

[108] 胡夏闽，史东峰. 组合梁的物理线性分析[J]. 南京建筑工程学院学报，1995（2）:12-19.

[109] 吕西林. 钢筋混凝土结构非线性有限元理论与应用[M]. 上海：同济大学出版社，1997.

[110] 李律，钱济章，李敦. 基于ANSYS的预应力筋数值模拟[J]. 公路工程，2007，32（4）178-179.

[111] 丁晓华，郭红雨. 基于ANSYS的预应力连续刚构桥非线性仿真模型研究[J]. 中国水运，2007（5）39-40.